écrit par
Pauline Gagnon

到世界頂尖實驗室CERN上粒子物理課

現場直擊．彩色圖解，科學家教你看懂未來科研及太空探索的新物理

Qu'est-ce que le boson de Higgs mange en hiver ? et autres détails essentiels

寶琳．甘儂／著　張宛雯／譯
鄭宜帆 中央研究院物理所博士後研究員／中文版審定

科普漫遊 FQ1049

到世界頂尖實驗室CERN上粒子物理課

現場直擊·彩色圖解，科學家教你看懂未來科研及太空探索的新物理

Qu'est-ce que le boson de Higgs mange en hiver?et autres détails essentiels

作　　者　寶琳·甘儂（Pauline Gagnon）
譯　　者　張宛雯
主　　編　謝至平
責任編輯　陳怡君
行銷企劃　陳彩玉、朱紹瑄
封面設計　蔡佳豪

編輯總監　劉麗真
總 經 理　陳逸瑛
發 行 人　涂玉雲
出　　版　臉譜出版
城邦文化事業股份有限公司
臺北市中山區民生東路二段141號5樓
電話：886-2-25007696　傳真：886-2-25001952
發　　行　英屬蓋曼群島商家庭傳媒股份有限公司城邦分公司
臺北市中山區民生東路二段141號11樓
客服專線：02-25007718；25007719
24小時傳真專線：02-25001990；25001991
服務時間：週一至週五上午09:30-12:00；下午13:30-17:00
劃撥帳號：19863813　戶名：書虫股份有限公司
讀者服務信箱：service@readingclub.com.tw
城邦網址：http://www.cite.com.tw
香港發行所　城邦（香港）出版集團有限公司
香港灣仔駱克道193號東超商業中心1樓
電話：852-25086231或25086217　傳真：852-25789337
電子信箱：hkcite@biznetvigator.com
新馬發行所　城邦（新、馬）出版集團
Cite（M）Sdn. Bhd.（458372U）
41, Jalan Radin Anum, Bandar Baru Sri Petaling,
57000 Kuala Lumpur, MalaysFia.
電話：603-90578822　傳真：603-90576622
電子信箱：cite@cite.com.my
一版一刷　2018年2月

城邦讀書花園
www.cite.com.tw

ISBN 978-986-235-648-7
售價　NT$ 450

國家圖書館出版品預行編目資料

到世界頂尖實驗室CERN上粒子物理課：現場直擊·彩色圖解，科學家教你看懂未來科研及太空探索的新物理／寶琳·甘儂(Pauline Gagnon)著；張宛雯譯. 一版. 臺北市：臉譜，城邦文化出版；家庭傳媒城邦分公司發行, 2018.02
面；　公分.（科普漫遊；FQ1049）

譯自：Qu'est-ce que le boson de Higgs mange en hiver?et autres détails essentiels

ISBN 978-986-235-648-7（平裝）

1.粒子　2.核子物理學　3.通俗作品

339.4　　106025537

獻給我的雙親科萊特·培龍（Colette Perron）
以及保羅·甘儂（Paul Gagnon），
他們給了我這麼多。
也獻給兩位早逝的朋友凱特·西琦（Kate Hieke）
與凱西·諾伊斯（Cath Noyes）

目錄

致謝

如果你像我一樣，或許你也會喜歡讀書一開頭的致謝，為的是一瞥作者可能有過什麼樣的經歷。這是我的第一本書，剛開始動筆時才正搬離自己待了十九年的歐洲核子研究組織，新家離組織五百公里遠，這讓我特別害怕孤立的感覺。然而，事實跟我原先所想的恰恰相反，感謝前同事和朋友們給了我難以置信的支持。即便我是獨自一人坐在書桌前，他們還是以虛擬的、電子化的方式在我的身邊，隔著螢幕幫忙修改一到數個章節，以及提供建議和鼓勵。甚至到了最後，我有完成團隊合作計畫的感覺，這對我這個習慣和三千個人一起在超導環場探測器實驗室工作的人來說，格外令人安心，但我其實不全然覺得意外。我知道大部分的同事們跟我一樣，渴望與其他人分享他們參與歐洲核子研究組織的冒險始末。

我非常感謝（依字母排列）席爾薇・布魯內（Sylvie Brunet）、納塔莉・佳得（Natalie Garde）、佩妮・卡斯柏（Penny Kasper）、納萊・羅倫佐（Narei Lorenzo）和巴斯卡・帕拉佛里歐（Pascal Pralavorio），他們校閱本書，針對內容和呈現方式提供我寶貴的意見和建議，他們的幫助對全書的完成功不可沒。其他同事和朋友也就科學準確性或語意清晰度層面核對了一到數個章節不等的內容，我因此非常感謝亞歷山大・阿爾比（Alexandre Arbey）、蘇得希那・巴拿吉（Sudeshna Banerjee）、湯瑪斯・科考力歐斯（Thomas Cocolios）、麥可・都瑟（Michael Doser）、莫妮卡・丹佛德（Monica Dunford）、路易斯・費亞爾（Louis Fayard）、珠兒・蓋斯康（Jules Gascon）、詹姆斯・吉利斯

（James Gillies）、吉納薇夫・吉諾（Geneviève Guinot）、文乾佐・亞可李耶羅（Vincenzo Iacoliello）、加戶加琉美（Marumi Kado）、克拉拉・庫利西（Clara Kulich）、納吉拉・馬穆迪（Nazila Mahmoudi）、蘇菲・馬勒佛（Sophie Malavoy）、茱迪塔・馬穆吉克（Judita Mamuzic）、吉亞姆皮耶羅・曼奇內里（Giampiero Mancinelli）、姜哥・曼古倫奇（Django Manglunki）、馬可斯・諾德柏格（Markus Nordberg）、瑪莉-克勞・浦金（Marie-Claude Pugin）、伊夫・拉加西（Yves Lagacé）、皮耶爾・薩瓦爾（Pierre Savard）、安德瑞・羅比修-費羅諾（Andrée Robichaud-Véronneau）。感謝他們為校訂提供了極佳的建議，他們慷慨的幫忙與支持讓我感到十分溫暖，幸虧有他們，書中的錯誤少了許多，文字也更為流暢，他們犧牲晚上、週末或甚至假日來幫忙，我對他們所有人滿懷感激。

同時我也非常的感謝凱特・凱利（Kate Kahle），她從一開始就對這本書抱持信心，並一直給予支持；我也非常感謝所有加入我的Skype線上午餐會的朋友們，也要謝謝我法文版的編輯，MultiMondes出版社的尚馬克・甘儂（Jean-Marc Gagnon），當我第一次聯絡他時，他的回應非常熱切；也感謝劍橋大學出版社的安妮亞・榮斯基（Ania Wronski），謝謝她的專業，也謝謝她在整個編輯過程中的明智建議與無比耐心。

我也要特別感謝我的母親，感謝她的拉魯斯字典（Larousse dictionary）和貝舍雷勒文法書（Berscherelle grammar book），以及遺傳給我對於妥善完成一件事的愛好。最後，我要感謝我的伴侶瑪莉恩・韓（Marion Hamm），謝謝她的耐心、她的愛以及她許多的鼓勵，尤其是不時堅持我遠離電腦、呼吸點新鮮空氣，否則仲冬之時，我肯定會看起來像一顆希格斯玻色子。

各章摘要

第一章：粒子物理入門１０１：物質是由什麼組成的？

什麼是物質的最小微粒，還有它們之間是如何交互作用，而得以形成我們周遭所能觀察到的所有物質？標準模型（Standard Model）是現今描述這些粒子和它們之間交互作用的理論模型，標準模型提供我們一個對於物質世界的清楚解釋，甚至也可以高度準確地預測這些粒子的行為。這些粒子每一個都帶有與其對應的反粒子，但幾乎所有的反物質都從我們的宇宙中神祕地消失了。

第二章：粒子物理進階課：什麼是希格斯玻色子（Higgs boson）？

新聞媒體所傳達的訊息是希格斯玻色子賦予基本粒子質量，但事實上，基本粒子質量的產生有三個要件：機制、場、玻色子。布勞特－恩格勒－希格斯機制（Brout-Englert-Higgs mechanism）是一個數學表述，該機制透過數學方程式描述了一個實際存在於自然界的物理實體——布勞特－恩格勒－希格斯場（Brout-Englert-Higgs field），這個場只是宇宙的其中一個性質，就像空間和時間是宇宙的一個性質，而希格斯玻色子是這個場的激發，就好像波浪是海平面的激發，找到希格斯玻色子就證明了這個場的存在。

第三章：加速器與偵測設備：必要的實驗工具

製造希格斯玻色子是歐洲核子研究組織（CERN）的大強子對撞機（Large Hadron Collider，簡稱LHC）的其中一個目標。大強子對撞機先將質子加速到接近光速，然後再讓質子對撞，這個加速器可以將極大量的能量集中到空間裡一個極小的點上，所產生的能量會以粒子的形式物質化。大部分生成的粒子是不穩定的，而且出現後馬上就分裂。接著，位於對撞點的偵測器則充當照相機，捕捉這些稍縱即逝的粒子與其衰變產物。

第四章：發現希格斯玻色子！

藉著篩選數十億筆運轉於大強子對撞機的偵測器中的事件，物理學家可以提取出具有希格斯玻色子特徵的少數事件。先進的統計方法使得我們可以將含有希格斯玻色子的事件從所有其他類型的事件中區分出來，進而使科學家能夠自數百萬個乾草堆中抽取出一根針。

第五章：宇宙的黑暗面：暗物質和星系起源的祕密

標準模型運作地不可思議地成功，但它只適用於宇宙內含之物的百分之五，原來，宇宙的百分之二十七是由一種奇怪的物質所組成的，它叫做暗物質，它絕對的神祕。剩下的百分之六十八則是由一種未知的能量所組成，這股能量像謎一樣。我們有足夠的證據顯示暗物質確實存在，而它們在天文學研究當中的角色相當重要，其對星系的形成過程起了催化作用。目前世界上有數個暗物質實驗正在進行中，希望不久之後能首次捕捉到暗物質粒子，上述實驗的所在地點包括地底深處、國際太空站（International Space Station）以及歐洲核子研究組織的大強子對撞機。

第六章：標準模型的再進化：向超對稱理論「SUSY」求救

標準模型雖然取得了驚人的成功，但卻有幾個缺陷：例如，它無法解釋重力，也無法解釋暗物質。很顯然的，應該還存在著一個更加完備的理論，這個理論將以標準模型為基礎，但涵蓋範圍會更廣。一個可行且誘人的理論叫作超對稱（supersymmetry，或稱SUSY），它是現在非常被看好的理論新秀。超對稱理論具有所有能夠取悅我們的特質，它以標準模型為根基，能統合物質微粒與力載子，還附帶了可以做為暗物質理想候選的新粒子。超對稱理論最大的問題是它還沒有被發現。那麼，這個假設是否還有可能是對的呢？當然有可能！

第七章：基礎科學研究能給我們什麼好處？醫學、精密機械和能源上的突破

所有研究都需要經費，那麼錢花得值得嗎？我的答案是肯定的，沒有一絲一毫的猶豫。多虧了基礎研究，全人類對於我們周遭的物質世界才有更完好的了解。這個回報就很夠了，但如果我們考慮到其他益處，回報還會更多。科學研究帶來了受過良好訓練的人力資源，這些人在許多方面均對社會的發展作出了貢獻。即便是短期來看，基礎研究所衍生出的經濟與技術的突破也使之成為最好的投資標的之一。

第八章：歐洲核子研究組織（CERN）：獨特的跨國科研合作典範

數以千計的研究人員一起工作，沒有直屬上司，並擁有完全的自由，得以決定何時、何地以及如何工作。這有可能是真的嗎？實際上這就是粒子物理學當中大型實驗合作計畫的運作方式，這種管理模式對於所有參與者的創造力、個人主動性和自主性有利，實驗能夠成功完全仰賴整個群體的共同利益。這樣的工作模式一旦普及，在未來也可能使許多公司受惠。

第九章：物理學的多元發展可能

與幾十年前相比，現在有更多的女性投身於物理學界。雖然情況正在改變，但在歐洲核子研究組織仍只有17.5%的科學家是女性。為什麼會這樣呢？我們要如何改善這個情況呢？女性並不是這個領域當中唯一人數稀少的族群。在性別、種族、性取向、宗教以及生理能力等各方面，科學界如果能夠有更多的包容性，將會是百利而無一害。在本章中，我們可看到科學界的多樣性如何催生更大的創造力。

第十章：下一波的新發現將是？

作為總結，我將拿出水晶球，試著預測未來幾年可預見的發現會是什麼。特別是在二〇一五年歐洲核子研究組織的大強子對撞機以更高的能量重新啟動後，打開了新發現之門，這些突破可能徹底改變我們對於周遭物質世界的看法。

引言

你們之中許多人可能曾經聽說過希格斯玻色子（Higgs Boson）和歐洲核子研究組織（Conseil Européen pour la Recherche Nucléaire，簡稱ＣＥＲＮ）的大強子對撞機（Large Hadron Collider，簡稱ＬＨＣ），但有誰真的對此有完善的理解和掌握呢？這是一本為你們所寫的書，書中盡可能使用簡單的術語，目標讀者是每一位非專家但對這個主題有興趣的人，目的是想要清楚地解釋希格斯玻色子和其他粒子物理學的關鍵研究課題，並讓愈多人能理解愈好。因此，每一位有興趣的讀者都可以藉此書探索粒子物理的迷人世界，而不需讓數學或過多細節上的解釋模糊焦點。一份好奇心便足矣，不需要預先具備高中程度以上的高等數學能力或科學觀念。

本書略過了一些歷史和數學方面的細節，為的是保留重點，或至少希望我有做到這一點。我們物理學家常常執著於絕對正確而模糊了主題。相對的，這本書在科學知識面上力求正確，但它的目的是為了能讓讀者好讀好理解，書中不含數學方程式或複雜的計算，任何人只需要有一點點的興趣，就能讀完全書而不覺得阻礙重重，也能感受到這份激勵著成千上萬名科學家投身研究的熱情。

但是，我也不想虧待有求知欲的讀者們，因此書中附上了他們預期會有的所有資料，這些細節都收在正文之外的小專欄中，好讓大部分對研究全貌感興趣的讀者們讀起來時也覺得輕鬆，此外市面上也有一些專書可供最熱切的讀者作深度延伸閱讀。

如果你是一個有好奇心的讀者，正想知道你所繳的部分稅金是如何用在科學研究上，那麼這本書正適合你，你同樣也可以從物理研究隨之而生的浩瀚知識中受益。倘若你認為了解我們周遭世界的這份樂趣不足以合理化投資在科學研究上的龐大金額，書中有一整個章節探討基礎科學研究在經濟與社會層面上所帶來的深遠影響。

如果某一段文章似乎太難了，請繼續讀下去或是直接跳到下一個段落，文章複雜度並沒有持續增加，每一個章節基本上可以獨立閱讀，所以如果你覺得有一點迷失了（有時候可能會發生），請放心：所有的章節都以簡短的摘要作結，我會扼要地重述與總結重點訊息，這些摘要容許你可以略過一個段落或甚至是一整個章節，一切都依你的閱讀偏好決定。我希望這種方式讓每個人都能找到他所要的，無論讀者是充滿好奇心並尋求新知的退休人士、急於探索這個世界的學生；或是我的朋友、家人以及他們的鄰居。

本書首先介紹了粒子物理學的目標和對基本粒子世界的描述，我們接著進入到核心，探討希格斯玻色子的性質和它的特色。我們會看到大強子對撞機怎麼產生出基本粒子，還有科學家們怎麼偵測基本粒子。接下來，從無限小跨出巨大的一大步，來到無限大，了解到我們現在所有對於粒子物理的知識只能解釋宇宙的百分之五，其他還猶待我們發現，這意味著另外一個更廣義、涵蓋範圍更廣的理論在將來可能很快就會取代目前的模型。

粒子物理學實驗的成功有賴於一個獨特的人力管理模式，每個實驗的管理團隊依照預先同意的機制來整合，不強加觀點和指令在他人身上。因此，來自數十個不同國家的成千上萬名科學家是以高度的自治在工作，沒有指令或直屬上司，僅簡單的靠著一個共同的目標團結在一起：發掘物質世界如何運作。我深信多樣性意味著創造力，藉由歡迎更多不同性別、性取向、種族、生理條件的人，粒子物理學還能獲益更多。

本書以不遠的將來、以及探討在接下來的十年或二十年間粒子物理學界的下一個大發現會是什麼作結，你會發現，我們很有可能就在一個超大科學革命的時空邊界。希樣這本書可以讓你免去跟不上時代的風險，同時你也可以探索什麼是希格斯玻色子以及其他重要課題，更加了解現今物理學界。

資料來源：© 粒子動物園（Particle Zoo）。

第一章　粒子物理入門101：物質是由什麼組成的？

什麼是現存物質最小的組成元件？還有它們如何結合在一起，進而形成我們周遭所看見的所有物質？回答這個問題正是粒子物理學的目的，這個物理學的分支想要找出什麼是現有物質的最小微粒，小到他們無法再被拆解成更小的元件，以及他們之間是怎麼彼此交互作用的。

想像一個地方，在那裡所有的東西都是由樂高積木（Lego bricks）所拼成的（見圖1．1），然後如果我問你：「什麼是物質的最小組成元件？」，答案會很簡單，只要把各式各樣的東西拆開，找出拆開後最小的積木，藉此我們就可以推論，在一個完全由樂高積木組成的世界中，它的基本粒子是什麼，在那世界裡所有的東西都可以由這些基本積木組成。現實生活中的所有的物質也是如此：都是由「基本積木」所組成的，除了有一點不同，這些最小的、無法再被分割的粒子小到我們看不見。更甚者，要把物質拆解到最小

圖1.1 如果所有的物質都是由樂高積木所組成的，那麼這就是基本粒子看起來的樣子。但是在現實生活中，想要看到物質的基本積木則困難得多。
資料來源：寶琳．甘儂。

的組成元件幾乎不可能做得到。

關於物質最小微粒的問題並不是什麼新鮮事，歷史上有許多人問過相同的問題。兩千五百年前，當兩位希臘哲學家——留基伯（Leucippus）和他的追隨者德謨克利特（Democritus）提出原子論（atomism）時，他們兩位的想法都正確。原子理論闡釋了所有的物質都是由原子和空無一物的空間所組成的。在古希臘語中，「atomos」（原子）的意思是「不可分割的」，即不可拆成更小的元件。可惜的是，十九世紀的科學家匆促地下結論，宣稱他們已發現這些不可分割的元件，因此這個名字便錯誤地被用來指稱我們現在所說的原子（atoms）。但我們現在知道，原子是複合物，它們可以再被分割成更小的元件。

物質的最小微粒

那麼，現實世界中的基本粒子到底是什麼呢？跟樂高積木組成的假想世界相比，要知道真實物質的基本粒子困難得多了。我們無法輕易地看到最小的組成元件，但是在物理學實驗室中，物理學家可以做得到。物質確實是由原子所組成的，但原子並不是基本粒子，原子是

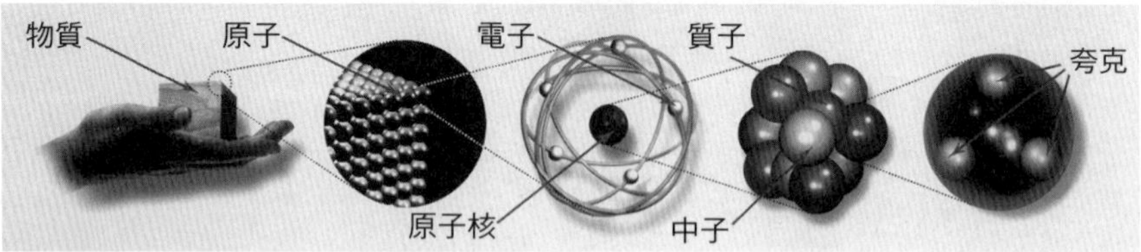

圖1.2 所有物質都是由原子所組成的，而原子核的中子和質子則是由夸克所組成的。在原子裡面，只有夸克和電子是真正的基本粒子，也就是不可分割的粒子，它們無法被拆解成更小的元件。

資料來源：歐洲核子研究組織。

複合物，如圖1．2的示意圖所示。原子具有包含質子和中子的原子核，電子在其周圍形成雲，原子因此大多是由空的空間所構成。要感覺一個原子的大小，想像原子核跟你的身體一樣大，那麼電子就會比你的頭髮還小，並且在距離你約十二英里（二十公里）處繞行。所以，物質主要是由真空（vacuum）、空無一物（emptiness）以及一些基本粒子所組成的。我們現在將檢視這一切是如何運作的，以及為什麼物質對我們而言看起來像是實心且堅固的。

所以說，原子是由其它的粒子所組成的，而即便是質子和中子也不是不可分割的：它們是由夸克（quark）和膠子（gluon）所組成，膠子的作用是將夸克束縛在一起。最終，物質當中唯一不可分割的粒子就是夸克和電子，我們稍後會再回到膠子身上。

製作質子和中子的食譜

質子和中子是由夸克所組成的。把兩個上夸克（up quark）和一個下夸克（down quark）結合在一起，我們就可

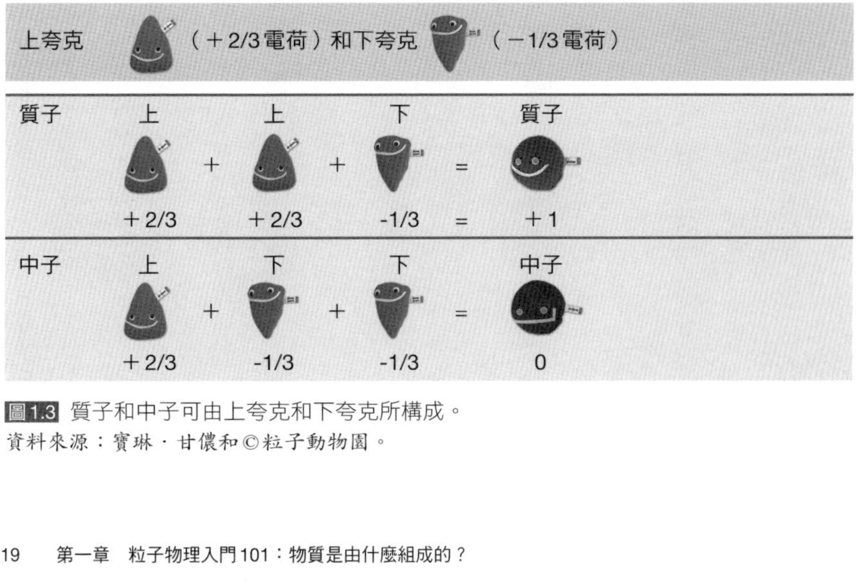

圖1.3 質子和中子可由上夸克和下夸克所構成。
資料來源：竇琳．甘儂和©粒子動物園。

以得到一個質子。上夸克帶有+2/3電荷，即一個電子所帶之電荷基本單位量的三分之二，下夸克則帶有−1/3電荷。因此，對於一個質子而言，它有「上」加「上」加「下」，或寫成「+2/3」+「+2/3」+「−1/3」，也就是合計為+1的電荷。一個中子則包含了兩個下夸克和一個上夸克，因此「+2/3」+「−1/3」+「−1/3」相抵為0，它是電中性的。

圖1·3的示意圖說明了這個概念，該圖使用了粒子動物園裡的小生物。朱莉·皮斯利（Julie Peasley）是一位裁縫師，她在參加了一場粒子物理學的公開講座後，創辦了粒子動物園[1]，因而在興趣驅使之下成為粒子動物園的管理員。我會在整本書中用她園中的粒子玩偶作為說明範例。

電荷

基本粒子其中一個最為人所知的性質是它們的電荷，因為電荷這個性質不僅表現在次原子的微觀尺度上，也表現在巨觀尺度上。電子的電荷是-1，該數值即構成了電荷的基本單位。電子電荷產生了電力，而電流就是電子在導體內的移動。

電與溪流中的水流非常相似，移動的電子就像水滴，每一個電子攜帶一個單位的電荷。每秒通過的水的總量為水流量；同樣地，每秒通過的電子電荷的總數即為電流（current）。電流的強度以安培（amper）（也就是每秒有多少庫侖（coulomb））為單位。在這些單位中，電子的電荷僅為 1.6×10^{-19} 庫侖，或寫作0.00000000000000000016庫侖。因此每秒必須有數以百萬兆個電子通過才能產生一安培的電流。至於電壓（voltage）（或稱電位差〔potential difference〕）對應的則是高低差變化：溪流的坡度愈陡，水流能造成的能量就愈高。

電荷遵循一套嚴格的守恆定律（conservation rule）：當一個粒子衰變時，也就是當一個不穩定的粒子開始分裂成幾個其他的粒子時，所有子粒子（daughter particles）的電荷之總和必須等於原始粒子的電荷。中性粒子可以分裂成兩個粒子，其中一個帶正電，另一個帶負電。一個帶負電荷的粒子可以衰變成一個負電粒子和一個電中性粒子，也可以衰變成兩個負電粒子和一個正電粒子。電荷不會憑空消失，也不可能無中生有。

原子

質子、中子和電子就足以形成週期表上的一百一十八個化學元素的原子（圖1·4）。由此，一百一十八個化學元素可以再進一步以不同的比例組合成各種分子（也就是原子的聚合體）。無論是在地球或在星球和星系中，原子和分子構成了我們周遭所有的可見物質。

在原子裡面，電子圍繞著原子核轉。是什麼讓電子保持在那兒呢？原理就像我們把一塊石頭繫上一條線，然後讓石頭繞著自己轉一樣[2]，這條線會讓石頭保持在圓形軌道上。如果我們放掉那條線，

1 她所有毛茸茸的小粒子玩具皆可在粒子動物園網站上購買，請參 http://www.particlezoo.net

2 這個比喻僅在某種程度上是正確的：在原子裡面，這條線的「長度」是量子化的，也就是它只能取特定的值。

石頭就會直直地飛出去。但是只要我們握住那條線，線就會施力在石頭上，不斷地把石頭往我們的手的方向帶，迫使石頭繞圈。

同樣的，電子也是靠著一條「隱形的線」保持在圍繞原子核的環狀軌道上，這條線就是帶負電荷的電子以及原子核中帶正電荷的質子之間的吸引力，這個吸引力的作用就恰如繫在石頭上的線。此道理同樣適用於繞行太陽運行的行星，只是在行星這個例子裡，重力成了那條隱形的線，太陽內所含的物質產生了重力，這個重力提供了將行星保持在軌道上運轉所需的力。所有的力都像隱形的線一樣作用在基本粒子或大型物件上，我們不久後會再回到這個主題上。

這邊做個總結：上、下夸克結合形成質子和中子，接著質子和中子再次結合，形成原子核；原子核加上電子，就得到了原子。如果改

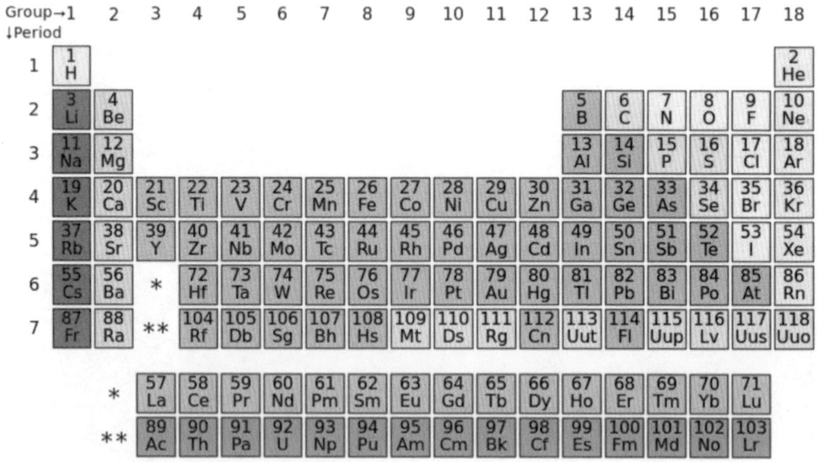

圖1.4 我們可以用不同的比例組合質子、中子和電子，來得到這一百一十八個化學元素，質子與中子都是由上、下夸克所組成。

資料來源：維基百科。

變原子核中的質子數，我們就可以製造出週期表中一百一十八個不同的化學元素的原子。最後，再將原子以各種不同比例組合，我們就可以造出周遭所有的物質。因此我們所看得到的一切都可以用電子和上、下夸克的這個基本組合建構出來。

原子、同位素、分子

質子、中子和電子就足以形成週期表中一百一十八個化學元素的所有可能的原子：原子核內的質子的數量就決定了該化學元素的性質。例如，氫（H）有單一一顆質子，而鐵（Fe）則有二十六顆質子，鈾（U）則有九十二顆質子。每個原子包含了數量相等的質子和電子，因此原子是電中性的。一個原子如果失去了一些電子就會變成帶正電，並且稱為離子（ion）。如果改變中子的數量，我們就可以得到單一化學元素的各種同位素（isotope）。

舉例來說，碳（C）的三種同位素都有六個質子，他們三者只在中子的數量上有所不同，也就是有六、七、八顆不同數量的中子。最穩定的、同時也是存量最多的碳同位素有六個質子和六個中子，我們把它標記為^{12}C，表示它包含了十二個核子（nucleon），「核子」代表質子和中子，也就是原子核內的粒子。含有八個中子的碳同位素叫作碳十四（或^{14}C），它是具有放射性的，放射性就只是代表該原子核並不穩定，會以特定速率分裂成更小、更穩定的原子。

碳十四在考古學上被用來鑑定植物和動物所處的年代，它是宇宙射線撞擊空氣中的氮原子時所產生的，活的生物體會攝取一定量的 ^{12}C 和 ^{14}C 的混合物，但一旦死後，體內所含碳十四的數量便會穩定地減少，且由於碳十四是放射性的，其庫存含量不會再補回。我們知道大約需要五千七百三十年的時間碳十四原子才會衰變成只剩一半，因此可以簡單地藉由估算樣品中剩餘的碳十四含量來推估化石年代。

標準模型（Standard Model）

在過去的五十年當中，科學家已經發展出一套非常精確的理論模型，它用來描述物質的基本組成元件以及作用在這些組成元件身上的力，這個模型幫助我們對目前為止觀察到的所有粒子的特性進行分類。這套模型是透過實驗與理論之間緊密的合作而被形塑出來，在物理學實驗室裡的新發現提供了理論物理學家基礎，進而得以發展出一套對於物質世界符合邏輯且一致的解釋，而實驗室的結果則用來證實或排除某些理論。同樣地，建構出來的理論假設也引導著實驗物理學家的探索方向。

粒子物理學當今的理論模型叫作標準模型，它仰賴兩個非常簡

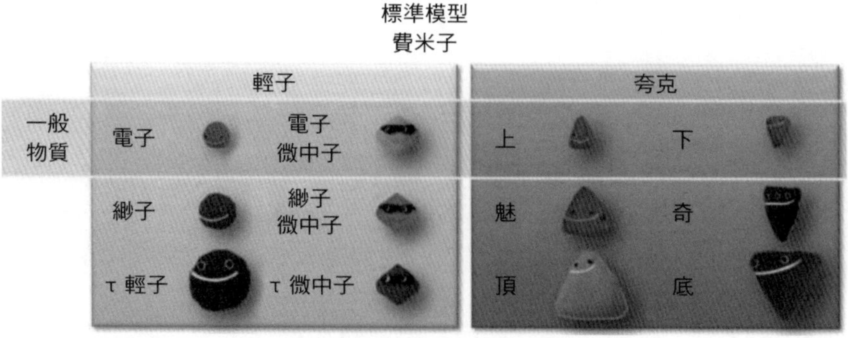

圖1.5 十二個物質的基本粒子：六個輕子和六個夸克。
資料來源：寶琳．甘儂和©粒子動物園。

單的概念，某種程度上這是它的基本原則：

- **第一原則**：所有的物質都是由基本粒子所組成的。
- **第二原則**：這些粒子之間藉由交換其他粒子而產生交互作用。

在進行了約一個世紀的粒子物理學實驗後，我們現在知道自然界中共有十二種物質的基本粒子（圖1．5），它們有兩類：輕子和夸克。

輕子（Lepton）

六個輕子當中最有名的是電子，另外還有兩種帶電粒子：緲子（muon）和τ輕子（tau，又稱陶子），這兩者和電子非常相似，但質量比電子重得多。這些輕子都攜帶-1的電荷。

電子、緲子、τ輕子都各自和一個微中子「相關聯」，分別為電子微中子（electron neutrino）、緲子微中子（muon neutrino）、τ微中子（tau neutrino）（我們稱它們作微中子的三個味〔*flavor*〕），這六個粒子構成了輕子家族，該家族包含了三個世代（*generation*）的輕子，每一代都包含一個帶電輕子和其相關連的微中子，一個世代裡面粒子的關聯性是顯現在對偶上。當電子產生時，它總是伴隨著一個反電子微中子，或是一個反電子——名叫正電子（positron，或譯「正子」）。

緲子和τ輕子也是一樣：它們產生時都會伴隨著各自的（反）微中子或是自己的反粒子，但我們從未觀察到τ輕子和電子微中子一起產生。電子和它的微中子都具有一個性質，這個性質叫做電子味（electron flavor），跟電荷一樣，這個性質也必須遵守守恆定律，當一個對偶形成時，其中一個粒子會帶一種味荷（flavor charge），而另一個則會帶相反的味荷。如果微中子完全沒有質量，這個味荷將會完美的守恆，就像電荷一樣，但我們將在下一節中會討論到，這一點並不總是完全正確。

跟中子（neutron）一樣，微中子（neutrino）是電中性的粒子，但要比中子小得多，因此他們的名字的意思是「微小的中子」（little neutrino）。由於微中子不帶電荷，它們極少與其他物質交互作用。舉例來說，每秒鐘有七十兆個太陽發射出來的電子微中子會打在每平方公分的地球表面上，在所有這些微中子當中只有少數會與地球上物質的原子起交互作用，其他的則會穿過地球，甚至沒有停下來打聲招呼！

微中子的質量

有很長的一段時間，科學家們相信微中子沒有質量，但在觀察到一個現象之後，他們改變了想法。這個非常特殊的現象叫做微中子振盪（neutrino oscillations），它是從一種給定類型的微中子（例如電子微中子）變成另一種微中子（例如緲子微中子或τ微中子）的過程。只有在微中子具有質量的條件下，微中子震盪才有可能會發生，因此這個實驗結果確立微中子確實是有質量的，先前提到的輕子味荷沒有完美的守恆。但微中子的質量極小，守恆的違逆現象其實很罕見，我們只有在微中子長距離移動時才會觀察到。

微中子研究先鋒雷．戴維斯（Ray Davis）是第一個偵測到來自太陽的微中子的人。他用一個放置在明尼蘇達礦井底部的大型放射化學偵測器來做實驗，實驗結果毫無疑問地確定了由太陽發射出的微中子中只有三分之一會到達地球。要估算來自太陽的微中子數量，則是用一個描述太陽如何產生能量的理論模型而得。戴維斯為此奉獻了三十年的研究時光，他的測量研究使他在二〇〇二年得到了諾貝爾物理學獎。

戴維斯的量測留下了一個無解的大難題：其他的微中子跑到哪裡去了？後來薩德伯里微中子觀測站（Sudbury Neutrino Observatory，簡稱SNO）有了解答。這是一個位於加拿大安大略省北部薩德伯里區礦井深處的實驗觀測站。這裡的微中子觀測科學家們證實，部分由太陽發射出的電子微中子，在移動的過程中變成了緲子微中子和τ微中子，這個震盪現象可以解釋太陽微中子為何大幅度消失。戴維斯的偵測器只對電子微中子（即太陽所產生的獨特微中子類型）敏感，但是薩德伯里微中子觀測站偵測器使用重水，那是一種對所有三種類型的微中子都敏感的物質。在那之前，日本已經先觀察到「大氣」微中子的振盪現象，那是宇宙射線撞擊大氣中的粒子時會產生的微中子。

薩德伯里微中子觀測站的偵測器證實了三種不同味的微中子總數確實等於我們所預測的太陽微中子總數，因而確定了太陽微中子會發生微中子震盪，而且微中子具有質量。然而，微中子的質量是如此之小，小到即便我們知道它不等於零，目前我們也還沒有辦法準確地測量它。沒有什麼比微中子更鬼鬼祟祟的了！二〇一五年諾貝爾物理學獎聯合頒給日本的梶田隆章（Takaaki Kajita）和加拿大的阿瑟．麥克唐納（Arthur B. McDonald），以表彰他們發現微中子振盪的貢獻。但是薩德伯里觀測站的測量的結果，卻使我們對標準模型產生了懷疑。儘管標準模型並不能預測任何基本粒子的質量，但微中子是如此的特別，如果要在模型中賦予微中子質量，會變得有點麻煩。它是唯一一種沒有電荷的物質微粒，這樣的話，微中子到底是什麼樣的粒子呢？電子和它的反粒子（即正電子）不同，因為其中一個帶有一個負電荷，而另一個帶有一個正電荷。但是微中子是電中性的，所以一個微中子或許可以是它自己的反粒子，這將是標準模型中唯一一個像這樣的費米子。這意味著什麼呢？如果微中子是它自己的反粒子，那麼有可能是因為它獲得質量的方式與其他粒子不同。此外，微中子的質量是如此之小，表示微中子的質量是有特別意義的，這因此引發了幾個至今無解的問題。

如同我們將在第六章中討論的，這是告訴我們標準模型有缺陷的其中一個線索，我們有必要發展一個新的模型。微中子物理是粒子物理學的其中一個分支，且已有許多專書探討，我們將不在這裡討論，但有興趣的讀者可以參閱例如雷·賈雅沃德納（*Ray Jayawardhana*）的《微中子獵人》（*Neutrino Hunters*）。[3]

夸克

除了輕子之外還有夸克存在，夸克們構成了基本粒子的第二個家族。夸克有六種味，或者可以說是六個種類：我們已經認識了上、下夸克，它們可以在質子和中子裡面找到，接下來是魅夸克（charm quark）和奇夸克（strange quark），最後則是頂夸克（top quark）和底夸克（bottom quark），最後這兩種夸克也被叫作真（truth）與美（beauty），但「頂」和「底」較常用。當初會選擇這些名字部分原因是好玩，但其實也是因為當初發現他們的科學家們不明白為什麼有這麼多種夸克，也不知道要怎麼區分它們。第三個被發現的夸克是奇夸克，它的名字起於它驚人的長壽。

沒有人知道為什麼夸克和輕子會有三代，不知道為什麼每一代會有如此不同的質量，也不知道為什麼只有第一代是形成原子（也就是我們周遭所見的一般物質）所必需的。想像一下，這就像一個樂高積木的組合包裡面包含了各種大小尺寸差異的積木，甚至其中有些積木是沒有用處的。這是粒子物理學家正在試圖解答的眾多問題之一。

除了宇宙射線中的緲子以外，沒有任何第二代和第三代的粒子在自然界中被發現。雖然所有這些粒子在大霹靂後一瞬間都存在於宇宙當中，但現在宇宙已經冷卻下來，以至於宇宙中沒有足夠的能量可以再產生它們[4]。但我們可以在實驗室裡造出所有的夸克，所以才會知道它們存在。

力載子（force carriers）

還記得標準模型的第二個基本原則嗎？基本粒子之間藉由交換其他粒子來進行交互作用，這個「其他粒子」就是力（也就是前面提到的「隱形的線」）的載子。力載子有一些特點，使得它們被歸成一大類叫做玻色子（boson）的粒子，而物質微粒（夸克和輕子）則屬於另一類稱為費米子（fermion）

3 科學人雜誌／法勒、斯特勞斯與吉羅出版社，二〇一三年出版。

4 如同我們將在第二章中看到的，質量和能量之間有等價的關係，也就是說當能量足夠時，便可以製造粒子。

的粒子（請見本章稍後的專欄「費米子和玻色子」）。

透過交換這些力的載子，其他粒子會感覺到與該力載子相關的力的效應。這有點像兩個人一起溜冰，在冰上平行移動，如果其中一個溜冰者向另一人拋出一顆沉重的雪球，接雪球的人會感覺到這個力的效應，然後會使得她從原先軌跡偏離。同樣地，丟雪球的溜冰者則會因為丟球的關係受反作用力的影響而偏離原先的方向。你可以自己做這個實驗：穿上一雙滑輪溜冰鞋或冰刀，然後往前扔一個重物，如果你的溜冰鞋已經消除了所有的阻力和摩擦力，而且如果你有辦法不扭斷你的脖子，你會感覺到反衝。如果你試著接住一個丟向你的重物，你也會感覺到同樣的效應。這個反衝就跟開槍射擊時你所感覺到的力是一樣的。

基本作用力（fundamental forces）

有四種基本作用力：強作用力（strong force）、電磁力（electromagnetic force）、弱作用力（weak force）和重力（gravitational force）。強作用力是所有基本作用力當中最強大的，但僅能在很短的距離內作用，且只作用在夸克身上，這便把輕子和夸克區分開來。強作用力的力載子（圖1.6）即為膠子（gluon），它是一種不具質量的粒子；如同它的

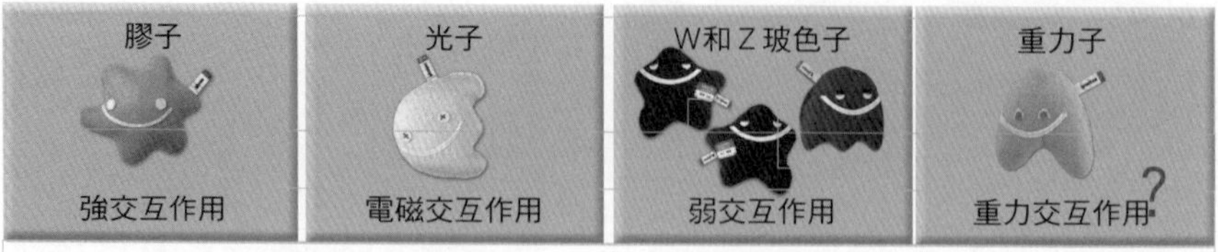

圖1.6 與基本作用力相關的六種玻色子。粒子藉由傳遞各種玻色子（或者也可說是向別的粒子互相「扔」玻色子），可以感覺到與該玻色子相關聯的力的作用。
資料來源：寶琳・甘儂和©粒子動物園。

名字所暗示的，膠子會把夸克「膠黏」在一起，強作用力強大到足以把夸克維繫在質子和中子裡面，而且強大到可以克服質子之間的正電互斥，它的影響範圍幾乎不超出中子和質子的半徑，但也遠到可以把中子和質子保持在原子核內。其作用範圍為原子核的大小，即10^{-15}米或0.000000000000001公尺。[5]

數量級上第二強的力是電磁力，由光子所傳遞，兩個帶電粒子透過交換光子「感覺」彼此的存在，電磁力就是兩個電荷之間會相吸或相斥的原因（取決於兩電荷間有相反或相同的正負號）。

電磁力只影響帶電粒子，但它在我們的生活當中扮演了不可或缺的角色。你椅子腳上的原子和它貼著地面上的原子就有電排斥力。如果沒有這個力，你的椅子會直直穿過地板。原子裡面大部分的空間都是空無一物的，但是靠近原子表面的電子會產生電場，而其所產生的排斥力會使得原子給人感覺好像完全是實心的。你可以藉由想像原子被彈簧包圍的方式來視覺化這個電場的效應：如果想要把兩個原子靠得很近，你必須壓縮彈簧；彈簧愈被壓縮，這個阻力就會愈來愈大，大到兩個原子不可能靠得太近。最終這使得物質（也就是原子的集合）看起來是實心、堅實而不可摧的，但實際上裡面其實

5 我將使用科學記號（scientific notation）來簡化文字。例如：10^5年，拿一個1然後在後面加五個0，就得到了100,000年（十萬年）。負的指數（exponent，又稱次方）則表示分數，以10^{-5}秒為例，我們從1.0開始，然後把小數點往左邊移五個位置，於是得到0.00001秒或10^{-5}秒，文字上比起使用「百分之一的千分之一秒」要來得簡單。*

* 譯註：以中文表示時，可以簡單的表示為「十萬分之一秒」，但以英文表示時，則為「one hundredth of one thousandth of a second」，即「百分之一的千分之一秒」，相對於科學記號來說複雜許多。無論是中文還是英文，科學記號的格式簡單且一致，況且各國通用，不受語言限制。

大部份是空無一物。

第三個力是弱作用力，它跟粒子的衰變和放射性有關。弱作用力是由三個玻色子所傳遞，W^+和W^-玻色子都各攜帶一個單位的電荷，其中一個是正的，另一個是負的；此外還有Z^0玻色子，它是電中性的。弱作用力會作用在所有的輕子和夸克身上，它是唯一一種作用在微中子身上的力（如果我們忽略重力的話，因為微中子的質量是如此的渺小）。

最後一個力：重力，它就是那個現在讓你可以舒服地坐著或躺著閱讀這本書的力。當然，除非你正在外太空的國際太空站上（International Space Station，簡稱ＩＳＳ）讀這本書[6]，在那兒人們處於失重狀態[7]。所有的交互作用（即力）當中，重力是最神祕的，以夸克的尺度來看，它比電磁力弱10^{41}倍，也就是比電磁力弱100,000,000,000,000,000,000,000,000,000,000,000,000,000倍。

與其他的力相比，重力是如此的微弱，在粒子的尺度上重力的效應是可以被忽略的。說真的，你需要數量是天文數字等級的物質才有辦法感覺到重力的效應。想要視覺化重力和電磁力在強度上的差距，試想一個簡單的冰箱磁鐵就足以克服整個地球的重力：你可以輕易地用一個磁鐵就能把一個小東西黏在冰箱上而不會掉下來，這個基本的物質性質就是造成全世界冰箱磁鐵業興盛的原因。

重力是唯一一個不具有已知的力載子的力。但是多虧了ＬＩＧＯ實驗團隊，二〇一六年二月我們有了第一個證明重力波（gravitational wave）存在的直接證據[8]。然而到目前為止，這一發現僅僅確立了這些波的古典性質，它們的量子特性還沒有被偵測到。如果重力波確實像電磁波一樣是量子化的，那麼它們就也會有力載子，即一種稱為重力子（graviton）的粒子，或許有一天大強子對撞機可以找到重力子。事實上，重力波這一重大突破，已經讓天文學家們除了使用電磁波（可見光、無線電波、X射線等）外，還可以利用重力波來探索宇宙。所以，誰知道呢？或許對於宇宙初始的那一刻，我們很快就能進一步知道更多，因為沒有任何東西可以阻擋得了波的傳播。大霹靂的回音在重力波裡留下的痕跡，直至今日還在宇宙中漫遊。

費米子和玻色子

輕子和夸克這些物質微粒，都屬於費米子，而力載子則屬於玻色子。這些粒子是以兩位研究粒子分類的知名粒子物理學家來命名的：義大利的恩利寇·費米（Enrico Fermi）和印度的薩特延德拉·納特·玻色（Satyendra Nath Bose）。分類並不只是簡單的命名問題，它代表了這兩類粒子截然不同的行為。這兩組粒子其實有不同的自旋值（spin value），自旋就只是粒子的另一種性質，就像粒子的電

6 如果這個情形曾發生的話，請告訴我！

7 在這種情況下會發生失重狀態，這是因為國際太空站一直朝著地球墜落，就好像纏上一條線的石頭繞圓形軌道旋轉，如果不是因為地球的重力不斷地將國際太空站往地球的方向拉，太空站會沿著直線軌跡飛出去，這個拉力就等同於太空站自由落體朝向地球墜落，因而導致失重狀態。

8 關於這個奇妙的發現，更多詳情請參閱 http://paulinegagnon3.wix.com/boson-in-winter#!A-faint-ripple-shakes-the-World/c1q8z/56bcc6630cf2b4e0b62599f6

荷和質量一樣，可以用來定義基本粒子。自旋代表了粒子的角動量（angular momentum），「角動量」顧名思義與物體的旋轉有關。

在無限小的世界裡，一切都變得「量子化」（quantized），意思就是說，某些性質，例如電荷、自旋和夸克的色（color）（「色」是粒子對應於強作用力的性質）只能有特定值，例如只可以是1或⅓或甚至是½，只有這些基本數字（稱為量子〔quanta〕，此即「量子物理學」（quantum physics）之名的由來）的倍數是允許存在的。允許值就像樓梯一個一個的階：我們可以站在第一個階或第二個階，但是無法站在這兩個階之間。如果每一階為二十公分高，你的高度就只能是二十公分的整數倍。

一個量子數代表著某個量可以取的離散值（discrete value）（相對於連續值）。物質的微粒（即費米子）具有½的總自旋值，使得它們有兩種可能的方向：向上(+½)或向下(-½)，玻色子這些力載子則有整數值（總值），例如0、1或2。費米子和玻色子遵循不同的統計規則，其中，費米子必須遵守的規則是，兩個處於相同量子態（quantum state）的全同粒子不能存在於同一個地方；處於相同量子態指的是其所有的量子數皆相等。

電子屬於費米子。如果我們想要把兩個電子放在同一個地方，例如放在原子內部的同一個軌道上，它們兩者的量子數就必須是不同的。如同我們剛才討論過的，自旋只有兩個可能的方向，即向上或向下（也就是+½或-½），這意味著最多只有兩個電子可以在同一個原子軌道上共存，因為這兩個自旋方向是唯一的可能性。因此原子具有好幾個原子層，以容納原子中所有的電子。這個規則產生的影響是很大的，因為所有的化學反應都是由電子在不同軌道的組織所支配控制，這個性質就叫作庖立

（包立）不相容原理（Pauli exclusion principle）。

另一方面，處在同一個量子態的玻色子則沒有數量上的限制，這個特性說明了超導現象（Superconductivity）。怎麼說呢？超導是一種狀態，在這狀態之中電流可以自由流動，所有的電阻完全消失。如果我們注入電流到一個超導體中，該電流會無限期地循環下去。所以如果你的電動割草機是由超導材料製成的，你只需要把它插上電源插座一次，讓它有電流在裡面流動，它就會持續無限期地運作下去，即使你拔掉插頭也是會繼續運作。然而，儘管超導電動割草機裡的電流可以無限期地運作，但整部機器仍然會在割草和摩擦上流失能量，最終機器還是會停止運轉。我們為什麼不利用這個這麼棒的超導特性來節省能源呢？問題就在於，取決於材料的類型，超導體需要把材料冷卻到華氏 -240 度和 -460 度之間（攝氏 -150 度和 -273 度）。這不太實際，但也可能是幸事一件，否則夏天的生活將如同地獄，割草機則運轉個不停！當電子重新組合為電子對時，如果兩個電子自旋是同方向的話，兩個半自旋加起來就變成一個自旋，如果是自旋是反方向的話則加起來變成零，一對電子就變成了一個玻色子。在一個超導體中，所有電子對可以都是一模一樣的，因為玻色子可以有相同的量子數，每個電子對因此可以擁有跟其他電子對相同的量子數，也因此能自由的交換兩對電子。

在超導體中，所有電子對都可以和其他電子對互換位置，不產生任何摩擦，也就沒有任何電阻。這看起來非常像一對對的舞伴們在舞池中移動，如果每個人在跳華爾滋的時候都往同一個方向移動，那就不會有某對和某對撞在一起的情況發生。

讓我們再回到玻色子身上：為什麼物質微粒有一半的自旋值，但是力載子卻有整數值呢？我們不知道，不過超對稱（supersymmetry）可能可以解答這個有趣的差異，我們將在第六章中討論。

那麼反物質呢？

每一個物質（matter）微粒都有與之對應的反物質（antimatter），例如，電子的反粒子是正電子，正電子具有和電子完全相同的質量，但其他所有的量子數（電荷、自旋、電子味）則相反。這樣一來，即便是電中性的粒子也有自己的反粒子，例如，一個反中子是由一個反上夸克和兩個反下夸克組成的。雖然這點還沒有被確定，但微中子可以是自己的反粒子。當一個粒子遇到它的反粒子時，兩者湮滅（annihilate），只留下與它們等價的能量，這一點同樣適用於六個夸克和六個輕子當中的每一個粒子：它們都有自己的反粒子。

在物理學實驗中，物質和反物質生成的數量幾乎一模一樣，就好像兩者是平等的。然而，看看我們周圍的宇宙，卻幾乎沒有一絲反物質的痕跡。當我們在宇宙當中（例如在宇宙射線裡）發現一些反物質時，它的數量總是極其微小。在實驗室中，我們會觀察到物質只具有極小的優勢，但這個差異小到無法解釋到底是出於什麼樣實際的原因，使得我們在宇宙中只找得到物質，卻找不到反物質。如果物質和反物質都是單純由能量以幾乎相等的數量生產出來的，同樣的規則必定也適用於大霹靂之後幾分鐘，那時宇宙中有數量驚人的能量，這個能量，物質化為粒子-反粒子對，它們可以互相湮滅，或是和其他粒子結合。相對於反物質，什麼時候物質占了上風呢？它是怎麼占上風的呢？所有的反物質跑去哪裡了？宇宙學家相信，反物質不可能躲在宇宙的某個角落而不透露出它的存在，若真如此，物質和反物質遲早會相遇，進而迸發出可以讓我們偵測到的能量。這是物理學上一個大謎團，許多物理學家都在試圖解開這個難題，而解答這個問題正是LHCb實驗的主要目標，它正運作於歐洲核子研究組織的大強子對撞機（Large Hadron Collider，簡稱LHC），其他幾個實驗也在歐洲核子研究組織的反物質工廠進行中（見「歐洲核子研究組織的反物質實驗」一欄）。

歐洲核子研究組織的反物質實驗

如果物質和反物質幾乎以相同的數量生成，那麼那些大霹靂後必定存在於宇宙中的反物質跑哪兒去了呢？想回答這個問題，首先必須確認反物質和物質具有相同的性質。歐洲核子研究組織為一個大型反物質研究計畫提供了一個專門的加速器——反質子減速器（Antiproton Decelerator，或簡稱AD），該計畫即為歐洲核子研究組織的反氫工廠（antihydrogen factory），其目的在於比較反氫原子（圖1．7）與氫原子的行為有何不同。之所以會選擇氫是因為它是所有原子當中最簡單的，只有一顆電子圍繞著僅含一顆質子的原子核旋轉。反氫原子是氫原子的複製品，唯一的不同是正電子和反質子取代了氫原子內的電子和質子。如果想要在實驗室裡做更複雜的研究目前是不可能的，光是要產生氫的同位素氘（deuterium）的反原子（包含有一個反質子、一個反中子和一個正電子）都會比產生氫的反原子難上一百萬倍。每增加一個質子或中子會使得反粒子生成的成功率削減一百萬倍。

所有的物質被激發時都會發光，舉例來說，就像當一塊金屬被加熱時會發光，而所發出的光則會透露出產生此光的原子的身份。當氫原子的電子從一個軌道躍遷到另一個軌道時，氫原子會發射或吸收特定頻率（或顏色）的光。光譜學（Spectroscopy）包含了分析一個原子所發射出的全部的顏色、並建立該原子的光譜，這用棱鏡便可以辦到。歐洲核子研究組織其中兩項實驗——ALPHA和ATRAP——即與反氫光譜有關。我們也可以研究反氫原子的「超精細結構」（hyperfine structure），超精細結構對應於原子核與電子之間的磁交互作用。ALPHA和第三個實驗ASACUSA（圖1．8）將檢視超精細結構，在這兩項實驗中，研究人員將觀察反氫原子可吸收的特定頻率，然後將之與已知的氫光譜進行比對。

要產生反氫原子，首先必須將反質子減速，使其能夠在正電子附近緩慢地通過，然後才能吸引正電子而形成反原子。研究人員使用磁場將反質子與正電子相結合，這個磁場可以防止反質子或正電子（兩者皆為反物質）與物質接觸，否則將會導致瞬間湮滅而無法形成反氫原子。最後一個步驟是將反氫原子從該磁場移開，以研究其超精細結構，否則強磁場會降低我們所預期的精確度。ALPHA和ATRAP在二〇一〇年成功地捕集了反氫原子，為未來的光譜學研究邁

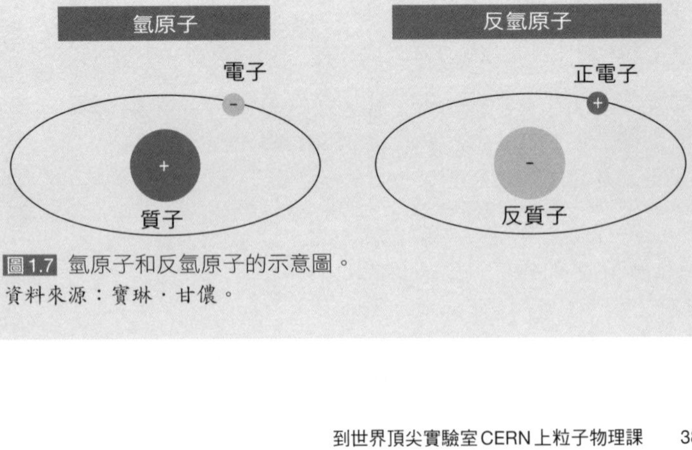

圖1.7 氫原子和反氫原子的示意圖。
資料來源：賓琳．甘儂。

出了一大步。

不同於大強子對撞機射束中的質子，反氫原子是電中性的，我們無法使用電場操控反氫原子。但是反氫原子的行為就像一個微小的磁鐵，我們可以使用不均勻的磁場來操控這些極小的磁鐵以獲得反氫原子束。ASACUSA已成功地產生出這樣的原子束。最後一個重要的步驟是測量反氫原子的超精細結構。

另有其他兩項實驗——AEGIS和GBAR——其目的是在重新測量重力常數（gravitational constant），但這兩個實驗使用的是反物質。要做到這一點，必須先檢查反氫原子與地球重力發生反應的方式是否跟氫原子一樣。可惜的是，這並不像伽利略當初從比薩斜塔頂部把兩顆不同質量的球丟下來測量重力加速度常數g那樣簡單，我們不能只是把反氫原子從塔上丟下來就完成這項實驗。在使用反氫原子測量重力常數的實驗裡，我們所需的設備會稍微複雜一點：研究人員將會先用氫原子測試儀器，以確保一切如預期地正常運作，一

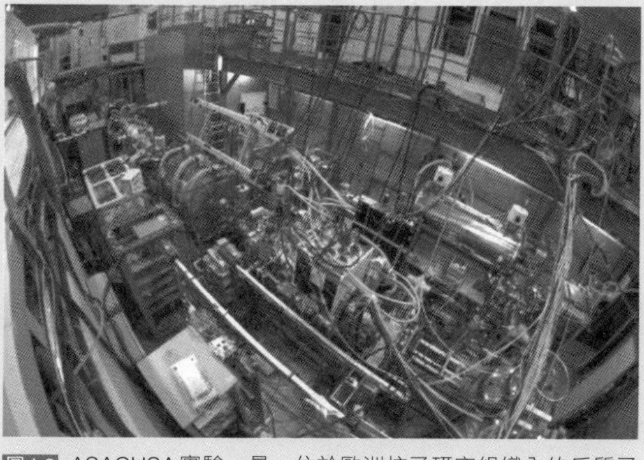

圖1.8 ASACUSA實驗一景，位於歐洲核子研究組織內的反質子減速器大廳。ASACUSA的目標是測量反氫原子的超精細結構，然後將之與氫的超精細結構進行比對，目的是檢查物質和反物質是否具有相同的性質，以解釋反物質從宇宙中消失的原因。
資料來源：歐洲核子研究組織。

旦操作成熟，他們會用反氫原子重複相同的實驗。這肯定會很困難，但如果成功，這些量測便可以為我們提供一些答案，我們可能會知道反氫是否是氫的鏡像。這將揭露反物質是否與物質不同，並提供一些關於反物質為什麼從宇宙中消失的線索。

足以滿足各種偏好的粒子

與二十世紀上半葉的粒子圖譜相比，標準模型大大簡化了粒子的世界。夸克這個概念是在觀測到整個粒子群（現有兩百多種粒子）之後出現的，這包括了數十個電中性、帶正電或負電的粒子，像是質子、π介子（pion，又稱派介子）、K介子（kaon）、Ω粒子（omega）、Λ粒子（lambda）和Σ粒子（sigma）。在一九六四年，莫瑞・蓋爾－曼（Murray Gell-Mann）和喬治・茨威格（George Zweig）建構了夸克模型，大為簡化了粒子圖譜。

直到那時，科學家才意識到這些粒子全部都是由夸克所組成的。現在，我們將所有由夸克組成的粒子歸類於強子（hadron）家族（來自古希臘語hadron，意思是「強」〔strong〕）（圖1・9）。其中一些強子（如π介子和K介子）是由一個夸克和一個反夸克所組成的，這個強子家族的分支叫做介子（meson）（來自mesos，意為「中介」〔intermediary〕）（圖1・10）。其他如質子和中子則是由三個夸克所組成的，稱之為重子（baryon）（來自古希臘語，意為「重」〔heavy〕）。

夸克模型儘管很成功，但這個簡單的模型已經有破綻。自二〇〇三年以來，有些實驗已經發現世

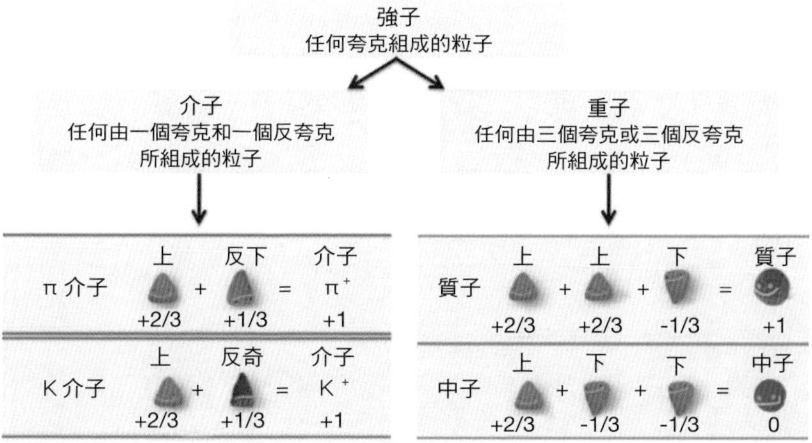

圖1.9 任何由夸克所組成的粒子都是強子，強子家族包括介子（例如 π 介子和K介子）和重子（例如質子和中子）。

資料來源：竇琳．甘儂和©粒子動物園。

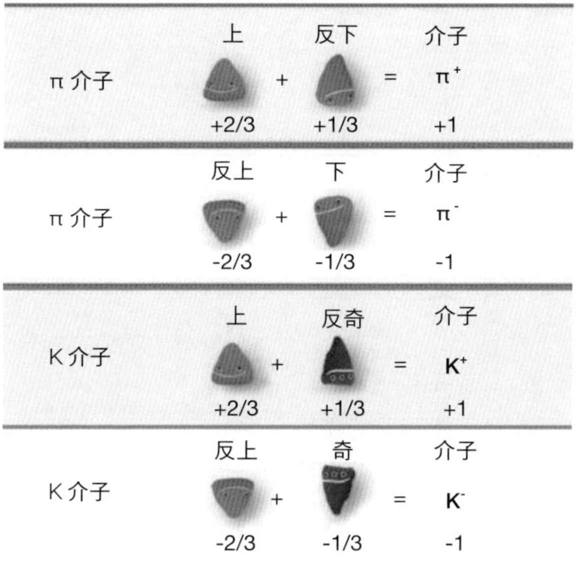

圖1.10 介子隸屬於強子家族，它們含有一個夸克和一個反夸克。

資料來源：竇琳．甘儂和©粒子動物園。

上存在四夸克粒子（tetraquark）[9]，這些四夸克粒子與目前的夸克模型不相符。一些理論物理學家都在努力尋找答案，但目前為止還沒發現任何解釋。

費米子和不相容原理

如同先前提過的，夸克具有一個量子數（或性質）叫作色，每一味的夸克（即六種類型的夸克）實際上都有三種不同的色：紅色、藍色和綠色。這些顏色可以相加，就跟光學中的原色相似，把等量的紅、藍、綠光加在一起就會產生出白光。

夸克具有不同的色的性質，這對我們來說很實用：它讓質子可以有三個夸克而不違反不相容原理（即兩個完全相同的夸克不能出現在同一個地方）。既然它們的性質之一（對應於色的量子數）不同，這些夸克就被允許存在於在同一個位置上。

強子只能有加起來是白色或中性的組合。重子的狀況比較簡單：只需要把三個顏色不同的夸克組合在一起。而介子這種由一個夸克和一個反夸克組成的粒子，則需要取某色的一個夸克，和與之為互補色的反夸克結合在一起；例如一個紅色的夸克可以與反紅色的反夸克相結合。最常見的介子是π介子（由一個上或下夸克，跟一個上或下的反夸克組成）和K介子（包含有一個奇夸克（或反夸克）和一個上或下的反夸克（或夸克））。你可能會好奇，為什麼中性的π介子是由一個上夸克和一個反上夸克組成，或者也可以是由一個下夸克和一個反下夸克組成，而能夠不互相湮滅？那是因為與自旋相關的量子數拯救了它們。兩個具有不同自旋方向的粒子可以相結合，其中一個粒子自旋向上（+½），另一個自旋向下（-½），這個自旋量子數的差異使得它們不會立即湮滅。

標準模型的力量

標準模型的兩個基本原理相當簡單：所有物質都是由基本粒子（費米子）所組成的，這些粒子藉由交換其他粒子（作為玻色子的力載子）而產生交互作用，這個理論伴隨著一整套複雜的方程式，讓理論物理學家們能夠作出極為精確的預測。

標準模型建立了粒子之間的幾種關係，它預測了產生各種粒子的機率，以及這些粒子會多頻繁地分裂而產生其他粒子，它也可以預測所有這些事件會以什麼樣的比例發生，其中一些計算甚至已被測試到小數點第九位！它是一個非常強大的理論，但可惜的是，如同我們將在第六章中討論的，它也是一個有缺陷的理論，這迫使理論物理學家尋求一個更好、更全面的理論，這個尚未被定義的理論應該要能解釋所謂的「新物理」。

9 想了解更多關於四夸克粒子的訊息，請參見 http://www.quantumdiaries.org/2014/04/09/major-harvest-of-four-leaf-clover/

重點提要

標準模型告訴我們，所有的物質都是由十二個作為基本粒子的輕子和夸克組成的，而每個基本粒子都有自己的反粒子，所有這些粒子都被歸類為費米子類。這些物質微粒藉由交換另一種稱為玻色子的粒子彼此起交互作用。圖1．11中的粒子們是唯一已知不由其他東西組成的粒子，所以它們是基本粒子。

將上夸克和下夸克結合，我們就可以得到質子和中子；然後由質子和中子再依次形成原子核；接下來加入電子，就可以得到原子；藉著改變原子核中質子的數量，我們就可以得到一百一十八種不同的化學元素。因此，我們周圍可見的一切都可以由包含電子和上、下夸克的這個組合

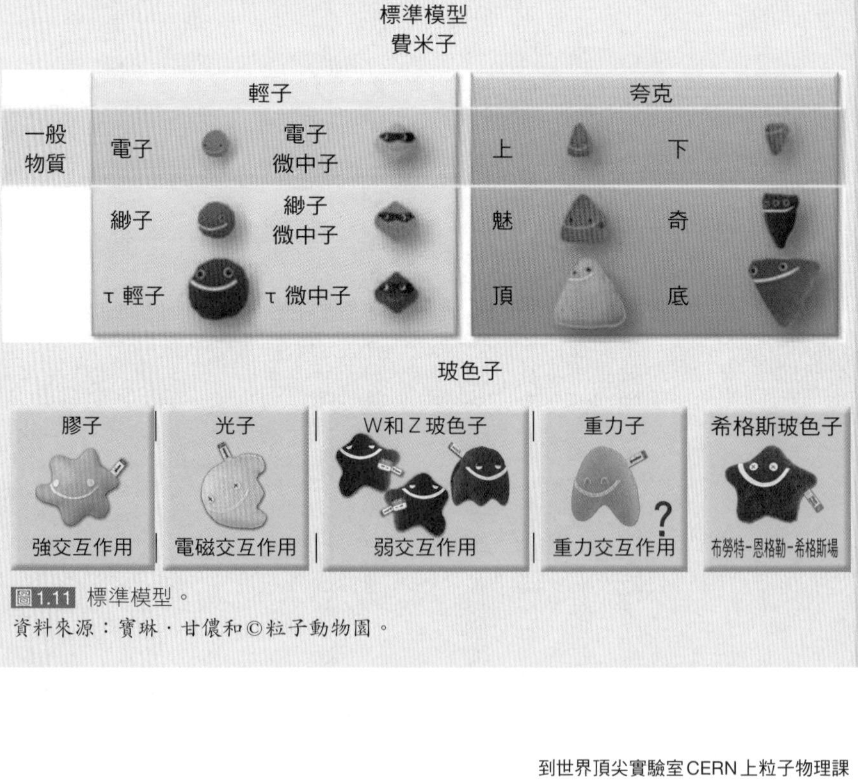

圖1.11 標準模型。

資料來源：寶琳·甘儂和©粒子動物園。

包（construction set）構建出來。

費米子和玻色子這兩類粒子的行為完全不一樣，我們不知道為什麼會有這個區別，也不了解為什麼基本粒子的尺寸差異如此之大，還有為什麼他們會有三代。對於解釋為什麼大霹靂之後產生的反物質消失無蹤我們也毫無頭緒，我們也不明白為什麼重力比其他的力要弱得多。換句話說，我們有一個很漂亮的模型，它大幅增進了我們對物質世界的了解，但仍留給我們一些懸而未決的難題。

第二章　粒子物理進階課：什麼是希格斯玻色子（Higgs boson）？

一九六七年阿布杜斯・薩拉姆（Abdus Salam）和史蒂芬・溫伯格（Steven Weinberg）整合了過去數年一些理論物理學家們所建構的理論後，我們現今所知的標準模型才出現。早在一九六一年，謝爾頓・李・格拉肖（Sheldon Lee Glashow）就已經統一了標準模型中描述的兩個基本作用力，自那以後，電磁力和弱作用力就在同一個理論架構下被描述成電弱力（electroweak force）。

一九六四年，物理學家仍然完全無法解釋基本粒子如何獲得其質量，當時現有模型的片段以及相關的方程式只能產生出無質量的粒子，但我們都知道，幾乎所有的粒子都有質量（只有光子和膠子沒有質量）。質量是很重要的，它是所有基本粒子的基本性質。我們也發現到，在巨觀尺度上，複合物質的質量並非真的來自其組成元件。

圖2.1 一九六四年，當時對今日名為「布勞特－恩格勒－希格斯機制」作出貢獻的理論物理學家們合照。自左而右為：湯姆・基博爾（Tom Kibble）、傑拉德・古拉尼（Gerald Guralnik）、卡爾・哈庚（Carl Hagen）、弗朗索瓦・恩格勒（François Englert）、羅伯特・布勞特（Robert Brout）和彼得・希格斯（Peter Higgs）。

資料來源：維基百科以及歐洲核子研究組織。

一九六四年，照片2・1中的理論物理學家正設法賦予某種玻色子質量，當時學界認為這種玻色子與強作用力相關。為了做到這一點，他們建構出一個數學表述，也就是我們現今所知的布勞特－恩格勒－希格斯機制（Brout-Englert-Higgs mechanism）。這個名字是以頭三位提出的人所命名的，這些理論物理學家其實只是在一個已漸漸成形的理論上加入自己的貢獻，在一個已有諸多前輩發展的基礎上建構模型。這一點是希格斯在二〇一三年七月斯德哥爾摩研討會期間，以極大的真誠所強調的重點。這是一年之中全球規模最大的粒子物理學大會，舉辦在他獲得諾貝爾物理學獎的四個月前。

那麼什麼是賦予基本粒子質量所必需的呢？事實上需要三種不同的材料，我們將在本章一一檢視。這三個材料是：

一、布勞特－恩格勒－希格斯機制。

二、布勞特－恩格勒－希格斯場（Brout-Englert-Higgs field）。

三、希格斯玻色子。

讓我們來看看這一切如何運作。

布勞特－恩格勒－希格斯機制

最初一九六四年當這個機制被提出時，理論物理學家們的目標只是單純地想賦予質量給一些玻色子。直到一九六七年，溫伯格和緊隨其後的薩拉姆才使用布勞特－恩格勒－希格斯機制的觀點賦予Z玻色子、W玻色子以及輕子質量，[1]之後這個機制也被運用在夸克上。因此，在標準模型誕生之前，這個數學表述就已經被提出了，如今它被用來重塑標準模型當中的方程式。

如同前一章所述，電弱力有四個力載子（即四個叫作玻色子的粒子，因為它們帶有整數的自旋值），它們是無質量的光子和具有質量的W^+、W^-和Z^0玻色子。如果沒有布勞特–恩格勒–希格斯機制，描述這一組電弱力的方程式會給出四個玻色子，但是沒有一個玻色子具有質量。於是，理論求得的玻色子跟真實的、與電弱力相關的粒子並不相符，因為我們知道其中三個玻色子實際上具有質量。

但如果我們將布勞特–恩格勒–希格斯機制套用於標準模型，它就能提供我們一個賦予其中一些玻色子質量的方法，這個機制藉著簡單地加入數個對應新的場的小方程式，重組了描述電弱力的方程式（我們將在下面的段落中詳細描述），這個巧妙的手法讓我們可以重新整理原先的方程式。從新的方程式中，我們跟先前一樣仍然得到四個玻色子，但是這次其中三個是帶有質量的；這個機制「打破了原先的對稱」。換句話說，我們從一開始的四個一模一樣、無質量的玻色子，到成功地保留一個無質量的玻色子，並得到三個具有質量的玻色子。現在這四個玻色子完全符合自然界中所觀察到的：一

1 如前一章所示，輕子是包含電子、緲子、τ輕子以及三個與之對應的微中子的粒子。

表2.1 電弱力的四個玻色子

	質量以GeV為單位	電荷
光子	0 GeV	0
W^+	80.4 GeV	1
W^-	80.4 GeV	-1
Z^0	91.2 GeV	0

個無質量的玻色子（光子）和三個具質量的玻色子（W^+、W^-和Z^0玻色子）（表2・1）。

布勞特－恩格勒－希格斯機制絕不僅僅只是一個簡單的、重塑方程式的手法，它在數學上描述了一個非常真實的物理實體，也就是我們今天所知的布勞特－恩格勒－希格斯場。布勞特－恩格勒－希格斯機制是打破標準模型方程式中的對稱性所必需的，並因而揭露了一個新的場的存在。

布勞特－恩格勒－希格斯場

如同我們將看到的，這個場賦予所有粒子質量。但什麼是場呢？你可能聽說過磁場、電場和重力場，所有這些場都是看不見的，但場效應是可以被覺察到的。例如，磁鐵產生磁場，當磁鐵吸引金屬物體時，或是當它將冰箱上的小東西釘住時，我們可以覺察到磁場效應。我們也可以將磁場效應視覺化，只需要把鐵屑灑在一張下面放了磁鐵的紙上，或直接將鐵屑灑在磁鐵上面就能做到，如圖2・2所示。

同樣地，電荷產生電場。任何其他的電荷通過電場附近時都會感受到該電場的效應，並沿著該電場線移動。龐大的天體（例如太陽和地球）產生重力場，我們無法用眼睛看到重力場，但我們可以感覺到它們的效應。我們被地球重力吸引，而且每一個掉落的物體都會沿著其所處位置的重力場線移動，這些重力場線都指向地球的中心。

上述幾個例子都是用來說明「場」這個很不直觀的概念。布勞特－恩格勒－希格斯場與前述的場類似，除了一點不同：這個場沒有來源，它沒有一個相當於磁鐵、電荷或質量那樣的東西來產生布勞特–恩格勒–希格斯場，這個場在大霹靂[2]後就幾乎立即出現，自此之後就瀰漫了整個宇宙。這個場實際上是空間的一個性質，就像時間和三維空間是我們所處世界的性質一樣，我們可以想像希格斯場是宇宙的畫布：它就是我們的宇宙被編織的方式。

這個場就在我們周圍所有的空間裡，如果沒有它，基本粒子會以光速移動，但只要它存在，這些粒子會與場交互作用然後減速。

為了更好地描述這一切到底是怎麼發生的，我需要介紹幾個概念。首先，我們先來看看能量守恆（energy conservation），這是一個物理學的基本原理。這個原理說明能量可以有各種不同的形式，但能量總量維持不變。想像能量是液體：我們可以把其中一些倒入幾個不同的容器當中，但液體的總量保持不變，只是分配方式不同。

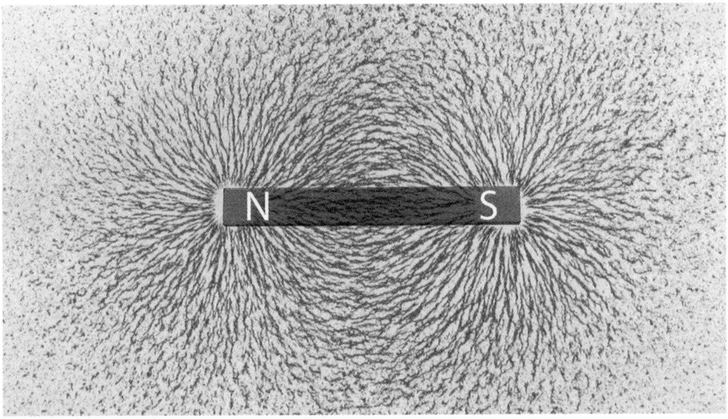

圖2.2 我們只要將鐵屑灑在磁鐵上面就可以視覺化一個小磁鐵的磁場效應。
資料來源：維基百科。

2 在第五章中我們會有更多關於大霹靂的討論，大霹靂標誌著宇宙誕生第一瞬間的那一刻，布勞特–恩格勒–希格斯場在大霹靂後的百億分之一秒內出現。

第二個基本原則是要建立質量和能量之間的等價性。這說明了質量和能量本質相同但形式不同，就像兩種不同的貨幣都可以代表錢這個概念，只是形式上有所不同，質量和能量之間等價的原則因以下這個物理學中最著名的方程式而永垂不朽，它也是唯一出現在這本書中的方程式：$E = mc^2$。

在這裡，E代表能量，m代表質量或物質，兩者之間換算的係數是c^2，也就是光速的平方。我們可以將能量轉換為質量（或物質），反之亦然。這就跟兌換兩種貨幣的方式完全一樣：我們可以使用公認的匯率將一種貨幣兌換成另外一種；在質能互換的例子裡也是如此，唯一不同的地方在於兌換的比例是固定的光速平方。

一枚大硬幣可以「拆」成較小的硬幣，一個重的粒子可以「衰變」（decay）成幾個較小的粒子，較小的粒子最初並不包含在較大粒子裡面，就如同幣值較小的硬幣並沒有藏在幣值較大的硬幣裡面；幾個小硬幣的加總也可以換成一個等價的大硬幣，就像小粒子可以相互結合以產生較大的粒子；但有時較大的粒子也可能是沒有任何組成元件的基本粒子。所有這些粒子的能量等價，就像硬幣的價值一樣，它是不變的實體。

基本粒子可以具有兩種形式的能量：一是運動的形式，稱為動能（kinetic energy），二是質量的形式，粒子的質量因而可以被看作是凝結的能量（congealed energy）。

我的祖母曾經告訴過我，隨著年齡的增長，她幾乎沒辦法走路，走在地毯上好像她一直纏住自己的腳，甚至覺得好像一直被地毯上所描繪的花朵絆倒。布勞特－恩格勒－希格斯場在基本粒子上也起了類似的作用，當布勞特－恩格勒－希格斯場存在時，粒子們開始與這個場交互作用，它們不再自由移動，而是在希格斯場的「花朵」裡纏住自己的腳，不再能自由移動。

另一種視覺化的方式是想像一個人在空蕩蕩的房間裡行走：沒有東西會阻礙她的前進；但如果同一個人必須在歡迎會上穿過一個擁擠的房間，她將不得不停下來好幾次跟所有她認識的人打招呼，如此一來前進的速度會慢得多。

一個沒有質量的粒子可以在沒有布勞特－恩格勒－希格斯場的假想空間中以光速移動，該粒子沒有質量，它所有的能量因而都是運動的形式。再想一下能量是液體的這個比喻，我們可以說這個光速移動粒子的所有能量都裝在一個標有「運動」的容器中，而標有「質量」的容器則是空的（圖2．3）。

現在，如果有人把布勞特－恩格勒－希格斯場「打開」，這個粒子會怎麼樣？它會開始與希格斯場交互作用，不再能自由移動，它開始在地毯上的花朵中纏住自己的腳，就像我的祖母一樣。然而，這個場具有一個獨特的特色，它不會使粒子失去能量，但既然粒子移動得比較慢，動能也就比較少，那麼不見的能量跑到哪去了呢？能量既沒有不見，也沒有消散，它只是以質量的形式出現（圖2．4）。

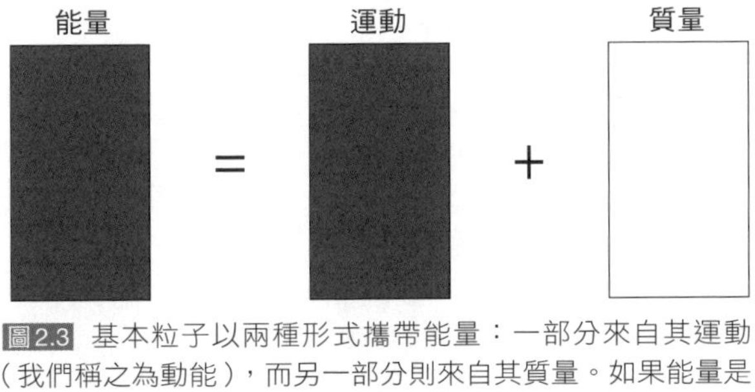

圖2.3 基本粒子以兩種形式攜帶能量：一部分來自其運動（我們稱之為動能），而另一部分則來自其質量。如果能量是液體，左邊的容器代表總能量，它可以被拆成右邊的兩個容器。此圖描述了無質量粒子的情況：我們會發現它所有的能量都是運動的形式。

資料來源：寶琳．甘儂。

布勞特－恩格勒－希格斯場不會造成基本粒子任何的能量損失，但是由於粒子在該場存在的狀況下移動得較慢——粒子們跟場起交互作用，就像人們停下來打招呼——粒子的動能減少了，但動能並沒有消失，只是轉換成了質量。在物理學中，質量被定義為對運動的抵抗程度（或更明確的說，對運動狀態變化的抵抗程度）。當布勞特－恩格勒－希格斯場存在時，粒子得到了對運動的抵抗能力。

粒子究竟獲得了多少質量呢？與布勞特－恩格勒－希格斯場的交互作用愈多，粒子獲得的質量就愈大。就好像一個人認識的人愈多，她在雞尾酒會上就會跟人群有愈多的互動，移動速度就會慢得多。這個原理適用於所有的粒子：即夸克、輕子和玻色子。電子由於和希格斯場的交互作用非常微弱，它們的質量因此非常小。相比之下，頂夸克和希格斯場的相互作用最大，因此是最重的粒子。

希格斯玻色子本身也會跟布勞特－恩格勒－希格斯場交互作用而獲得質量，另一方面，光子則不與希格斯場交互作用，因此維持無質量。我們在第一章裡面提出的問題：「為什麼基本粒子有如此不同的質量？」這個問題其實可以改寫為「為什麼粒子們與布勞特－恩格勒－希格斯場的交互作用如此

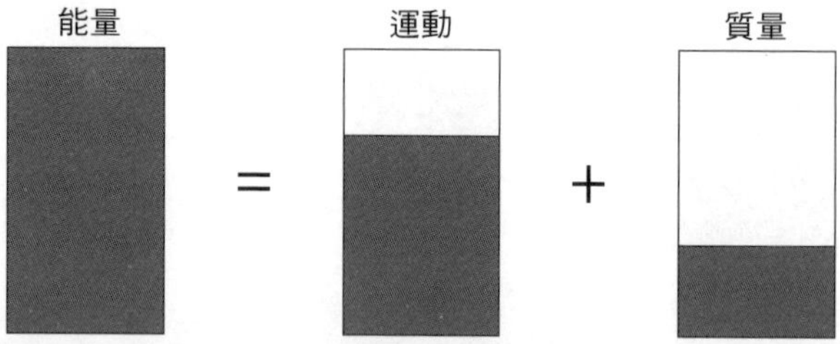

圖2.4 當布勞特－恩格勒－希格斯場存在時，粒子因為開始與之交互作用而減慢，就好像被纏住一樣。由於粒子移動得較慢，因而較少的能量是跟運動有關，但總能量還是維持不變，只是現在其中一些能量是以質量的形式出現，就好像一部分的液體已經從「運動容器」移到了「質量容器」，粒子不再是無質量的，它得到了質量。

資料來源：竇琳．甘儂。

不同？」。這第二個問題目前同樣沒有答案，仍然是一個謎。

每個粒子究竟獲得多少質量？

粒子與布勞特－恩格勒－希格斯場的交互作用愈強，其獲得的質量就愈大。這個由布勞特、恩格勒和希格斯所做的純理論推斷現在已經透過實驗證實了，可以由下頁的圖 2．5 來說明，該圖是緊緻緲子螺管偵測器實驗合作計畫（CMS Collaboration）的團隊所得到的初步結果，研究人員透過測量希格斯玻色子衰變成給定類型粒子的頻繁程度來驗證這個推斷。這稱為耦合（coupling），代表著粒子與布勞特－恩格勒－希格斯場之間交互作用的強度。縱軸是每個粒子的耦合值，橫軸則是粒子的質量。

注意到兩個軸都是使用對數刻度（logarithmic scale），因此可以同時涵蓋好幾個數量級（orders of magnitude）。例如，我們可以看到 τ 輕子（以符號 τ 表示）、底夸克（b）、W 和 Z 玻色子、以及最後的頂夸克（t）的實驗量測值。圖中的垂直條是測量中的實驗不確定度（experimental uncertainty）；紅線給出了一個標準差（standard deviation）的值，即對應於68％信賴水準的實驗不確定性；也就是說，有68％的機率真正的值會落在這個區間內；藍線則對應於兩個標準差，信賴水準為95％；綠色和黃色的陰影區域為將所有的量測值和理論預測值相比的結果，並考慮到每個粒子的誤差界限後，信賴水準分別為68％和95％的區域。我們看到，目前的測量結果都和標準模型的理論預測相符合，標準模型是以標有「SM Higgs」（Standard Model Higgs）的虛線表示。

是什麼賦予複合物質的質量？

在此需要澄清一點。與慣常的想法相左，布勞特－恩格勒－希格斯場只賦予所有基本粒子質量，但並不賦予複合物質質量。在一個原子當中，質量基本上來自於原子核，電子比質子和中子輕了約一千八百四十倍。對於粒子來說，我們會以MeV作為測量粒子質量的單位。正如先前所說的，質量和能量等價[3]，MeV這個符號代表一百萬電子伏特（mega electronvolt），一個電子伏特是一個電子通過一伏特的電位差加速後所獲得的能量。

質子的質量為938 MeV。在前一章時我們說一個質子由三個夸克和一些無質量的膠子組成，但這三個夸克的總和只有11 MeV，僅占總質量約百分之一。想像一下，你把三顆球放在一個袋子裡，每顆球重量約四克，然後你把這個袋子拿去秤，秤出來的結果竟然有九百三十八克，你會有多驚訝！

再一次，質能等價原理起了作用，它解釋了核子（質子和中子的統稱）如何獲得它們的質量。核子的質量源自其三個夸克的運動能量以及膠子所攜帶的能量（圖2．6）。在核子裡面，夸克可以自

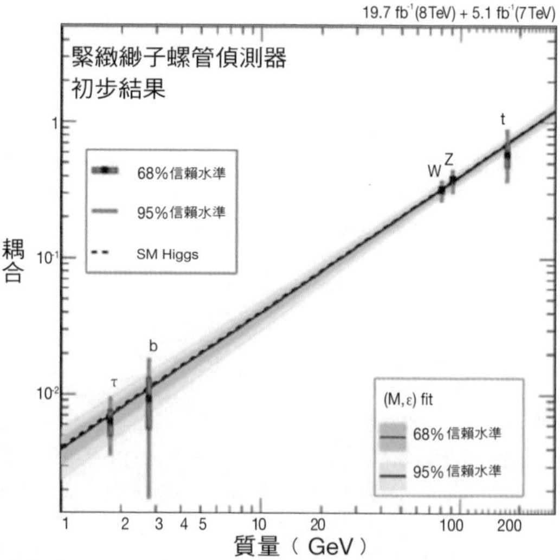

圖2.5 粒子的質量取決於它與布勞特－恩格勒－希格斯場交互作用的強度，交互作用愈強，粒子愈重。
資料來源：緊緻緲子螺管偵測器。

由移動，這是因為強作用力在極短的距離內是微弱的，只有當夸克試圖離開彼此時強作用力才會變強。它解釋了為什麼夸克會被局限在核子之內，我們會說是一種叫漸近自由（asymptotic freedom）的現象。強作用力只在幾乎不比核子大的短距離內發揮作用。

因此，99％的質子或中子的質量來自其組成元件的能量。同樣地，原子核具有很強的束縛能（binding energy），使其所有的核子都保持在原子核內。這也是核反應爐的能量來源，當核分裂時，質子和中子之間的束縛被打斷，束縛能就被釋放出來。

那麼希格斯玻色子呢？

現在，布勞特－恩格勒－希格斯場所扮演的角色已經解釋清楚了，我們終於可以討論希格斯玻色子。首先我們應該提及，這個玻色子是為了紀念彼得・希格斯而命名的，但並不是因為他是第一個發表關於布勞特－恩格勒－希格斯機制文章的人，而且最一開始他的投稿還被拒絕過。恩格勒（圖2・

圖2.6 質子內三個夸克加在一起的質量僅占11 MeV，質子大部分的質量來自其三個夸克的動能以及膠子所攜帶的、將夸克們局限在一起的能量，這些能量構成了質子大部分的質量，即938 MeV。布勞特－恩格勒－希格斯機制僅賦予基本粒子質量，並不賦予諸如質子、中子和原子這類複合物質的質量。同樣地，原子的質量來自原子核內組成元件之間的束縛能。
資料來源：維基百科以及寶琳・甘儂。

3 嚴格來說，應該是要以MeV／c^2為單位來表示質量，但為求簡化，物理學家套用一個將光速 c 定為1的單位系統。

7）和布勞特首先發表了文章，他們比希格斯早了一個月，他們也比另一組由三位理論物理學家基博爾、古拉尼、哈庚組成的團隊早了幾個月。在那之前，這三組人馬就不約而同地在同一個主題上各自獨立工作。一位編輯因為希格斯的文章缺乏具體的預測而拒絕了他的文章，還因此宣稱這篇文章沒有科學價值，希格斯於是轉投其它家期刊，這次他文章中說，他所提出的這個機制暗示著一種新型玻色子的存在。他是第一個明確提出新粒子存在的人。這個粒子若更名為「純量玻色子」或「H玻色子」也很合理，但是現在「希格斯玻色子」的名聲之大，已經不可能改名，這般命運的轉折讓希格斯幾年前還發表了一篇文章，名字就叫做〈我作為玻色子的一生〉（My life as a boson）！[4]

那麼，這個大名鼎鼎的希格斯玻色子到底是什麼？事實上，它可以被看作僅僅是布勞特－恩格勒－希格斯場的激發。如果我們將這個場比擬為海的表面，希格斯玻色子就是這個海洋表面的一個波浪，只要提供海洋能量，例如來自風、潮汐或地震的

圖2.7 二〇〇七年十二月訪問歐洲核子研究組織時，恩格勒教授站在超導環場探測器前。

資料來源：歐洲核子研究組織。

能量，就可以激發海洋產生波浪。布勞特－恩格勒－希格斯場也是如此：我們可以提供能量來激發這個場，粒子加速器就能辦到這一點，而這個激發其實就是希格斯玻色子本身。

失望嗎？不需要。想像一下，在我面前有一個由玻璃板製成的小型水族箱，如果我聲稱它裝滿了水，我只需要用手在玻璃板上輕敲，就能證明我的說法是不是真的：如果它真的裝滿了水，水面上就會出現小波；沒有水，就沒有波；沒有布勞特－恩格勒－希格斯場，就沒有希格斯玻色子。

理論物理學家們認為宇宙中充斥著布勞特－恩格勒－希格斯場。實驗物理學家藉由激發這個場，使得場的激發以希格斯玻色子的形式產生，而證實了這個場確實存在。在歐洲核子研究組織，大強子對撞機供應了激發希格斯場所需的能量，希格斯玻色子的發現證明了這個能夠賦予基本粒子質量的場的存在。在下一章中，我們將看到什麼是大強子對撞機、它的工作原理、以及超導環場探測器和緊緻緲子螺管偵測器（圖2·8）如何揭露希格斯玻色子的存在。

在結束之前，我想澄清一個關於「上帝的粒子」（God particle）的用語問題，這是一個老掉牙但卻歷久不衰的笑話。這詞來自一位將清教徒主義成功轉化為行銷手法的出版商。里昂·萊德曼（Leon Lederman）是一位美國物理學家，他以極具幽默感以及身為一九八八年諾貝爾物理學獎得主而聞名，在經過將近三十年的研究還是找不到希格斯玻色子之後，他沮喪地建議將他的科普書命名為「天殺的粒子」（The Goddamn Particle），但他的出版商拒絕，認為這個標題不恰當，還反過來建議將書命名

4 請參 http://www.worldscientific.com/doi/abs/10.1142/S0217751X02013046

為「上帝的粒子」（The God Particle）。因此，萊德曼的書在一九九三年以《上帝粒子：假如宇宙是答案，究竟什麼是問題？》（*The God Particle: If the Universe Is the Answer, What Is the Question?*）為書名出版。[5]不幸的是，這個名字流傳至今，為一個已經足夠複雜的主題增添無用的混淆。「上帝的粒子」這個名詞毫無意義，現在是時候把它擱在一邊了。當然，當初希格斯玻色子是完備標準模型所需的最後一個還沒有找到的粒子，一個基本且非常特殊的粒子，但我們並不需要言過其實。

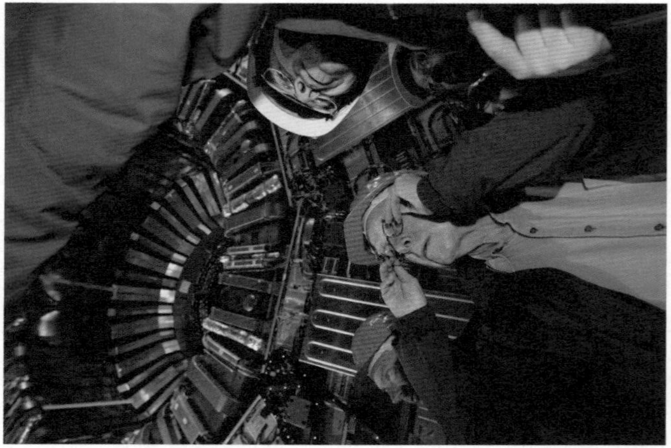

圖2.8 二〇〇八年希格斯教授訪問緊緻緲子螺管偵測器，即使是他也很難相信眼前所見。
資料來源：歐洲核子研究組織。

重點提要

在一九六四年以前，標準模型的方程式在那時只是個雛型，只能預測出無質量的粒子，與實驗觀察相矛盾。於是幾位理論物理學家提出了一個觀念，他們認為充斥於整個宇宙的場是存在的，而基本粒子藉著與這個場產生交互作用來獲得它們的質量，這個場叫作布勞特－恩格勒－希格斯場，它是透過與之同名的機制以數學術語來描述。布勞特－恩格勒－希格斯場是一個非常真實但看不見的物理實體，它阻礙基本粒子的傳播，作用與充滿房間的人群相似。如果沒有停下來跟認識的人打招呼，此人穿過擁擠的房間時將會困難重重，人群會使她大大減速，就好像這個人變得較大較重。對於基本粒子來說，這個減速就對應於將粒子的一些動能（與其運動相關）轉換為質量，在這過程當中並沒有能量損失。這是源於質能等價原理，該原理規範了質量和能量是本質相同的兩種形式，也源於能量守恆定律，即能量永遠也不會消失，它只是轉變成別種形式。希格斯玻色子是布勞特－恩格勒－希格斯場的激發，就如同波浪是海洋表面的激發一樣，希格斯玻色子的存在證明了這個場的存在。然而，希格斯場只賦予基本粒子質量，複合物質（例如中子和質子）的質量大部分是來自於夸克所攜帶的能量（因為它們在核子內會移動）以及將夸克束縛在一起的膠子，這些複合物質攜帶了原子大部分的質量，因此也就攜帶了所有物質大部分的質量，複合物質的質量因此可以看作是凝結的能量，遵循質能等價的方程式$E = mc^2$。

5 萊德曼和迪克．泰雷西（Dick Teresi），Dell Publishing，1993。

第三章　加速器與偵測設備：必要的實驗工具

尋找希格斯玻色子絕不是一件容易的事。首先，在找到它之前必須先製造它，我們將大量的能量集中在空間裡一個微小的點上面，即在布勞特－恩格勒－希格斯場裡「激發」或產生一個「波浪」。地球上唯一強大到能夠產生希格斯玻色子的機器是粒子加速器，例如歐洲核子研究組織的大強子對撞機[1]（圖3．1）；在宇宙的其他地方也很可能有希格斯玻色子生成，像是當宇宙射線中非常高能量的質子與高層大氣（upper atmosphere）或甚至月球表面的質子或中子

圖3.1　大強子對撞機當地的空照圖，圖上畫著它十七英里（二十七公里）長的環狀隧道，背景裡可以看到日內瓦湖（Lake Geneva）和日內瓦市，還有更遠的阿爾卑斯山，而加速器實際上位於地底下三百英尺（一百公尺）處。

資料來源：歐洲核子研究組織。

1　二○一一年九月以前，位於芝加哥附近的兆電子伏特加速器（Tevatron）也強大到足以產生希格斯玻色子，但數據產量不夠多到能發現它們。兆電子伏特加速器目前已停止運轉。

碰撞時。況且，誰知道呢，說不定宇宙中某處的外星文明就有像大強子對撞機一樣強大的加速器。

大強子對撞機之所以得其名是因為它可以讓質子（由夸克組成的粒子）對撞，而質子屬於強子家族，因而得「強子」之名。而且，正如其名所暗示的，大強子對撞機很大，甚至可以用碩大無比來形容，它有資格冠上各種「最」的形容詞：最大的、最強的、最成功的、最冷的、最……的所有東西，它真的很令人讚嘆。

就像所有的粒子加速器一樣，它會從粒子的碰撞當中在碰撞點產生出極大的能量，從而創造、或應該說是產生[2]新粒子。再一次地，質量和能量之間的等價原理扮演了重要的角色，將純能量轉化為物質。要做到這點，大強子對撞機將重粒子（大多數時間是質子）加速到接近光速，即每秒約十八萬六千英里（三十萬公里）。質子在兩個平行的管中循環，形成質子束，分別在四個偵測器的中心對撞。碰撞過程中所釋放出的能量能產生出各種形式的粒子。能量愈高，就可以產生出愈重的粒子（就像一個人愈有錢就可以買愈大台的車）。

圖3.2 大強子對撞機17英里（27公里）長環狀軌道的其中一部分，1232個超導偶極磁鐵中有一些被漆成藍色。

資料來源：歐洲核子研究組織。

這些生成的粒子非常不穩定，幾乎立刻就分裂成數個碎粒，這些碎粒即為較穩定的粒子。偵測器的作用是捕捉所有碎粒並重建最一開始產生的初始粒子。偵測器像巨型相機一樣，將微型爆炸物拍下來，並從碎粒中重建出原始粒子。

總結來說，我們有一個加速器（圖3・2）可以加速質子，加速後的質子碰撞時所釋放出的能量就會產生新粒子，我們還有幾個偵測器可以偵測新粒子。接下來讓我們詳細了解這一切是如何運作的。

大強子對撞機

三萬八千噸的高科技機械，結合了巨大外型與極度精密的兩大特質，大強子對撞機位在一座長達十七英里（二十七公里）的隧道當中，該隧道當初是為了歐洲核子研究組織先前的大型電子正子對撞機（Large Electron–Positron Collider，簡稱LEP）所建的。大強子對撞機加速器由一千二百三十二個偶極磁鐵和三百九十二個四極磁鐵、再加上一些功能更複雜的磁鐵組成，全部皆為超導體，並且在華氏-456.3度（攝氏-271.3度）的環境下工作，僅高於絕對零度（absolute zero）華氏3.4度（攝氏1.7

2 第二百六十四任天主教教宗若望・保祿二世（Pope John Paul II）約在三十年前造訪歐洲核子研究組織，期間導遊向他講述了粒子束碰撞進而「創造」新粒子的過程，教宗糾正了他，並說：「你所指的是生產（production）；創造（creation）是我這邊的事！」*

* 譯註：教宗為全球天主教之宗教領袖，天主教認為萬物都是由「神」所「創造」的，詳情可見《創世紀》（*Genesis*）。

度）（圖3．3和3．4，見68、69頁）。如同我們在第一章中所見，超導體中電流的流動不會有任何電阻。某些材料——例如用於大強子對撞機磁鐵的鈮—鈦合金（niobium–titanium alloy）——當它們被冷卻到非常低的溫度時會變成超導，超導體因為電流更大，所以可以產生出比一般導體要強大得多的磁鐵。大強子對撞機超導磁鐵的電流為一萬二千安培，是常見家用電路的一千倍。傳統的磁鐵不可能強大到讓質子束轉彎、也無法將質子束維持在加速器的圓形軌道上，這部機器像目前這樣就已經夠大的了，它是一個七十五英里（一百二十公里）的環，想再更大也不會被允許。

我們可以用磁鐵來操控帶電的粒子束，就像我們可以用稜鏡和透鏡來偏離光束一樣。偶極（dipole）磁鐵用來使質子的軌跡轉彎，並使質子保持在圓形軌道中，四極（quadrupole）磁鐵則用於聚焦質子束，換句話說，四極磁鐵可以擠壓質子束。其他的多極磁鐵可以對質子軌跡作各項校正。要知道，質子每秒繞行十七英里的大強子對撞機上達一萬一千二百四十五次；讓所有質子井然有序是絕對有必要的，才能讓他們保持在軌道上數小時。

磁鐵繞組（magnet winding）總共需要四千七百五十英里（七千六百公里）的電纜，每根電纜包含二十五萬條導線束。導線束的總長度相當於從地球往返太陽六次，再加上一百三十六次往返月球和二十四次蒙特婁*到巴黎航班的距離，剩下的距離還可以讓你走到轉角的店舖一千零四六次。在了解這一切後，這部機器耗時了十五年建造一點也不令人訝異，尤其裡面一些所需的技術在計畫剛開始的時候並不存在，是在建造過程中才被開發出來。

先於當代

舉例來說，整個大強子對撞機計畫（加速器和偵測器）所需的計算能力和儲存容量的可取得性與成本是用摩爾定律（Moore's Law）以當時的技術估算出來的。摩爾定律指的是每一至兩年你可以用相同的價格買到兩倍性能的的電腦或兩倍的儲存容量。同樣地，當初設計觸發器（trigger）和資料收集系統（data acquisition system）的物理學家，在新科技出現以前便已寄望新一代更快速的電子模組能夠滿足他們的實驗需求。

就大強子對撞機本身而言，與其儀器設計相關的第一篇論文出現在一九八〇年代中期。當時參與其中的科學家和工程師們估計，如果要達到原型的最佳性能，大強子對撞機所需的超導磁鐵（需數千個磁鐵）大概在十年內可以做到工業化量產，這個預言確實實現了！[3]而連接超導電纜所需的技術也是如此。所需技術的各個面向（例如感應焊接〔inductive soldering〕與超音波焊接）當時都已存在在其他領域，但只有歐洲核子研究組織的團隊與其他實驗室以及多個工業合作夥伴一同合作所開發的儀器才能夠滿足大強子對撞機計畫的規格和規模。這項技術開發的工作始於一九九〇年代後期，二〇〇

＊譯註：加拿大第二大城，位於加拿大東岸。

3 舉例來說，在一九八〇年代，超導磁鐵在4.2度絕對溫度的環境底下可以有每平方毫米2000安培的電流、並產生5特斯拉的磁場。大強子對撞機磁鐵在相同條件下可以有比這多50％的電流，即每平方毫米3000安培。

五年其開發的結果已經可以用於大強子對撞機隧道上。同樣地，當時也有超導線的熔接機和切割機，但需要再修改才能符合大強子對撞機隧道的特殊規格。時至今日，大強子對撞機仍是目前規模最大、最冷的低溫設備裝置。

一個非常特別的環

這個龐大的大強子對撞機圓環之所以會建於地底下三百英尺（一百公尺）有兩個原因。第一，宇宙射線會干擾測量，所以把偵測器隔絕於宇宙射線的影響之外是絕對必要的；第二，保護人類和環境免受輻射影響也很重要。況且，考慮到當地房價，想蓋在地表上其花費也是無法想像的。

在大強子對撞機裡，兩束質子束在兩個獨立的真空管中循環，真空管內所有的

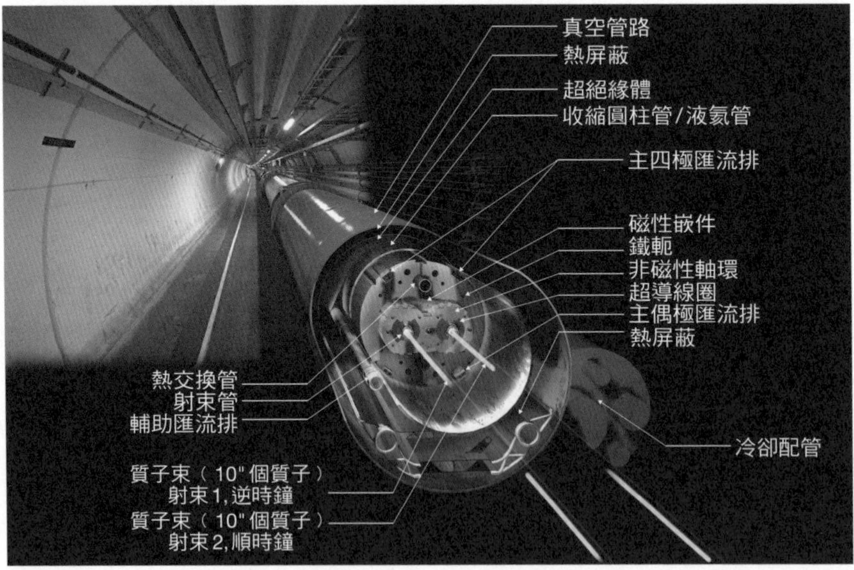

圖3.3 顯示偶極磁鐵主要元件的示意圖。
資料來源：歐洲核子研究組織。

都被抽空（圖3．5）；如果沒有真空，質子將會與空氣分子碰撞，阻止其行進超過約$\frac{1}{32}$英寸（一毫米）。強大的真空幫浦將壓力保持在10^{-10}毫巴，即比大氣壓力低10^{13}或十兆（10,000,000,000,000）倍。也

圖3.4 在地下三百英尺（一百公尺）的隧道中安裝一千二百三十二個大強子對撞機偶極磁鐵的其中一個。
資料來源：歐洲核子研究組織。

圖3.5 如此圖的緊緻緲子螺管偵測器所示，加速器離子束管路通到四個大強子對撞機偵測器的心臟。
資料來源：歐洲核子研究組織。

就是說，在大強子對撞機管道中，每單位體積的空氣分子（例如每立方英寸或每立方厘米）比我們所吸入的空氣少了10^{13}倍。粒子束管壁上塗了一層在歐洲核子研究組織發明的一種叫做「抓住」（getter）的特殊材料，這種材料一旦加熱後會吸收真空幫浦中沒抽乾淨的剩餘分子，它的作用就像黏蠅紙的黏膠條一樣。[4] 粒子束管路當然須經完美密封，如果一個輪胎具有跟大強子對撞機的粒子束管一樣的密封程度，那會需要一百萬年才能放完氣。

大強子對撞機很大，但同時也對最細微的擾動非常敏感。例如，我們知道月亮重力的拉力會產生潮汐，通常只能在大量的水體中觀察到這個現象（例如海洋），而無法在地殼中看到，因為地殼的流體性相對來說小很多。不過其實月球的吸引力也會使地殼每天經歷微小的形變兩次，只是這個形變幾乎無法被察覺。然而，由於大強子對撞機也會隨著地殼的形變而微幅移動，這個月球的作用力使得大強子對撞機的操作員必須不斷地修正質子軌跡，才能將質子保持在大強子對撞機粒子束管路內。我們甚至可以說大強子對撞機證實了月球的存在，儘管當初並不是為了這個目的而建造的。

歐洲核子研究組織的全套加速器組合

加速器所使用的所有質子是從哪裡來的？大強子對撞機的偉大冒險始於一個簡單的氫氣瓶。氫是最簡單的化學元素，它的原子核僅有單一一顆質子，原子核外有一顆電子繞著原子核轉。我們可以用電場抽離氫原子的電子（圖 3．6），其所產生的質子接下來在一台叫做 Linac 2 的小型線性加速器（linear accelerator）中由另一個強電場加速。離開 Linac 2 時，質子的能量已達 50 MeV，即五千萬電子伏特，此時他們已經以光速的三分之一在移動。電子伏特是一顆電子經過一伏特電位差時所獲得的能量。

一顆電子在一個1.5伏特電池的兩極之間加速可以獲得1.5伏特的能量。而由Linac 2加速器所提供的能量相當於如果我們使用的是五千萬伏特的電位差這個電子會獲得的能量！質子離開線性加速器Linac 2並在同步注入器（Synchrotron Injector，也稱為推進器〔Booster〕）中獲得能量躍升，這是一種小型環狀加速器，可使質子加速到1.4 GeV（GeV為十億電子伏特〔giga-eV〕，或1000 MeV）。

下一階段是質子同步加速器（Proton Synchrotron，簡稱PS），一個環狀且同步型的加速器。它運作的原理約略像是一個兩極不斷切

4 我們將在第七章中看到這個技術是如何應用於生產更有效率的太陽能板。

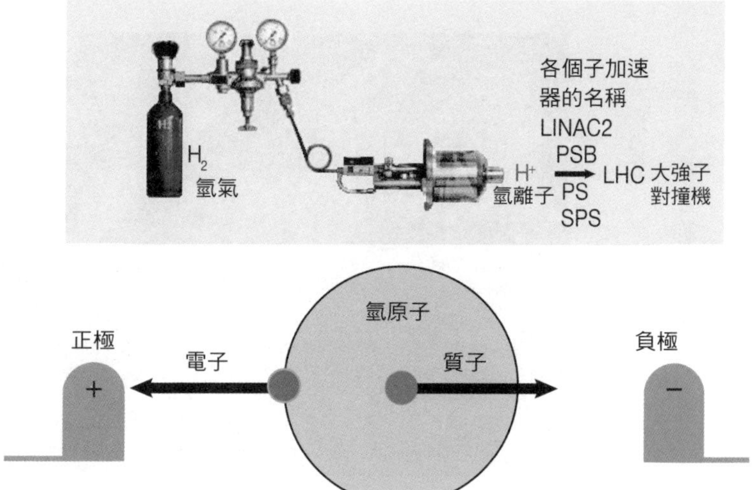

圖3.6 質子束的質子是由氫原子被電場剝離其電子後提取出來的。
資料來源：寶琳．甘儂／歐洲核子研究組織。

換的電池。基本上，負電極將質子吸引到負極的位置；然後一旦質子到達那個位置，該極的極性反轉（也就是它變成正電極），這個正極於是將質子排斥到下一個負極，使質子持續保持其運動。這個極性反轉會跟質子束團（bundle）的通過同步。質子同步加速器是歐洲核子研究組織中持續運轉最久的加速器。環狀加速器的優點是能夠在每一次的繞轉中一點一滴對質子注入更多能量，而線性加速器就只有一次注入能量的機會。質子從質子同步加速器離開時，能量提升為25 GeV，準備進入下一階段：超級質子同步加速器（Super Proton Synchrotron，或SPS）；這是和質子同步加速器相同類型的加速器，但是比它大十一倍（圖3．7）。質子在那裡會能量躍升到450 GeV。

圖3.7 超級質子同步加速器（Super Proton Synchrotron，簡稱SPS），它是前進到大強子對撞機之前，整套加速器組合的第三階段。
資料來源：歐洲核子研究組織。

最後質子終於注入大強子對撞機（圖3．8），並進行最終階段加速。二〇一〇年，質子可以在大約二十分鐘內達到3.5 TeV的能量，即3.5兆電子伏特（tera-electronvolt），也就是3500 GeV。在二〇一二年這個能量單位提升到了4 TeV；二〇一五年，經過兩年的保養和強化工作，質子的能量可以達到6.5 TeV。碰撞能量相當於粒子束能量的兩倍，二

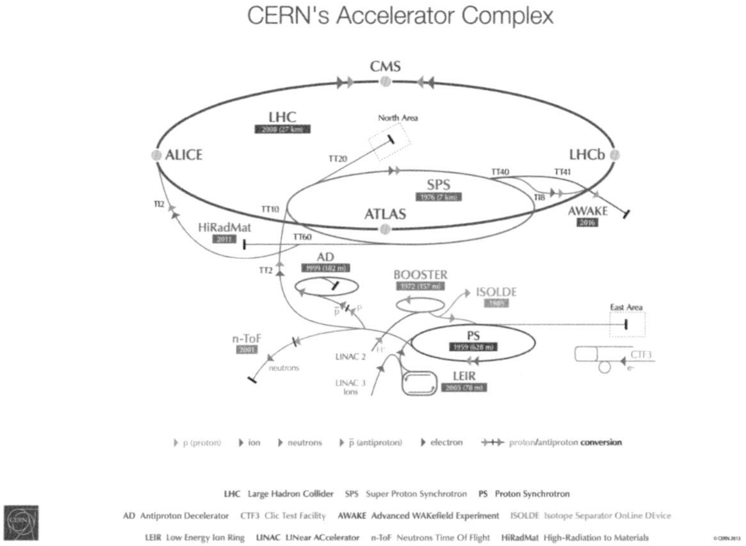

圖3.8 歐洲核子研究組織的全系列加速器：我們會重新啟用過去幾十年的設備，並將其加入最新、最強大的加速器組合中。
資料來源：歐洲核子研究組織。

表3.1 歐洲核子研究組織中的各個加速器

加速器（建造年）	體積	能量	光速百分比
Linac 線性加速器（1972）	111英尺（34公尺）	50 MeV	31.4%
Booster 推進器（1972）	492英尺（150公尺）	1.4 GeV	91.6%
PS 質子同步加速器（1959）	2060英尺（628公尺）	25 GeV	99.93%
SPS 超級質子同步加速器（1973）	4.375英里（7公里）	450 GeV	99.9998%
大強子對撞機（2008）	16.9英里（27公里）	8 TeV	99.9999993%
大強子對撞機（2015）	16.9英里（27公里）	13 TeV	99.9999997%

○一二年的可達碰撞能量為8 TeV，而二○一五年五月二十日則達到了13 TeV。這個能量的躍升不僅允許我們產生出較重的粒子，進而打開新發現大門，也使得我們能夠產生更大量的粒子，從而促使新發現的發生。

在一年之中，歐洲核子研究組織加速器組合僅僅使用了3.3毫克的氫氣來生產所需的所有質子，但卻消耗了大量的電力：所有的加速器全部都在運轉時，每年會消耗1260 GWh（GWh為gigawatt-hour的簡寫，也就是百萬度，即1000百萬瓦小時〔megawatt-hour〕）的電力。這相當於美國一座普通核電廠所生產之電力的1.5倍。

一個 TeV 的能量算很大嗎？

大強子對撞機供給每一顆它所加速的質子8 TeV或8兆電子伏特（8 tera-electronvolts）的能量，前綴詞T或tera（兆）表示10^{12}的倍數，或十二個數量級，一個TeV因此有1,000,000,000,000電子伏特，即一兆電子伏特。這個能量算很大嗎？假設一隻蚊子可以輕易地達到1.4公里／小時（即每小時接近1英里）的速度，1 TeV就相當於一隻重量兩毫克的蚊子全速飛行時的能量。在我們人類的尺度上，這個能量是極小的，但是對於比1費米（10^{-12}毫米，或一兆分之一毫米）還小的質子而言，這個能量就很大了。如果我們拿質子的大小跟一隻長度5毫米的蚊子相比，就等同於拿同一隻蚊子的大小跟從地球到太陽的距離相比。想像現在蚊子的所有能量都被濃縮到一顆質子的大小，這個能量就變得相當龐大。

我們可以用以下的方式測量這隻蚊子的能量：其能量為½×質量×速度的平方，或½mv^2。讓我們將所有單位轉換成公斤和公尺／每秒，以取得以焦耳（joule）為單位的能量（焦耳是對應於1公斤×1平方公尺／秒^2〔1 kg×1 m^2/s^2〕的能量單位）。蚊子的質量為2毫克，即2×10^{-6}公斤，其速度為3600秒內可以跑1400公尺，也就是每秒大約0.4公尺。因此蚊子的能量為$½\times2\times10^{-6}$ kg ×（0.4 m／s）^{2}，或1.6×10^{-7}焦耳。如果我們現在將這些焦耳轉換成電子伏特，1焦耳是6.24×10^{18}電子伏特，我們就會發現，這隻以1.4公里／小時的速度飛行的2毫克蚊子，其能量約為1×10^{12}電子伏特，即1個TeV。請記得，電子伏特在我們的巨觀尺度上是一個極小的能量，因為它是以極小的次原子粒子（電子）相關聯的能量來定義的。

四大偵測器

環繞大強子對撞機有四個大型偵測器：超導環場探測器（ATLAS）、ALICE、緊緻緲子螺管偵測器（CMS）、以及LHCb。每一個偵測器都是靠來自不同國家、數百個研究機構裡的物理學家組成團隊，透過合作計畫建造的。數千位物理學家、數百名工程師和數千名技術人員使用不同的技術、材料和原理為每一個偵測器的興建付出了貢獻。

LHCb實驗合作計畫的目標是想要發掘在大霹靂後不久產生的所有反物質跑到哪去了，反物質沒有留下明顯的痕跡，而這個團隊的物理學家們正在研究底夸克，希望了解物質和反物質在行為上有何不同。ALICE團隊則專門研究一種物質的狀態，這個狀態叫作夸克－膠子電漿態（quark–gluon plasma，見左欄），它只存在於大霹靂之後的一瞬間。緊緻緲子螺管偵測器和超導環場探測器則用於多重目標實驗，這兩個實驗合作計畫的研究非常廣泛，包括、但不限於希格斯玻色子、超對稱（supersymmetry）、暗物質以及超越標準模型的物理學。這兩個團隊都在做相同類型的研究，而且也做包括ALICE和LHCb負責領域的研究，但沒有那麼專精於特定實驗。其特點是一個團隊的研究結果因此可以跟至少另一個團隊進行交叉比對。

表3.2 環繞大強子對撞機的四個大型偵測器

	超導環場探測器	ALICE	緊緻緲子螺管偵測器	LHCb
高度	82英尺（25公尺）	53英尺（16公尺）	49英尺（15公尺）	33英尺（10公尺）
長度	148英尺（45公尺）	85英尺（26公尺）	69英尺（21公尺）	69英尺（21公尺）
重量	7000噸	10,000噸	14,000噸	5600噸
科學家人數	3000	1000	3000	700
研究機構數目	177	100	179	65
國家／地區數	38	30	41	16
研究	多重目標	夸克—膠子電漿態	多重目標	反物質和底夸克

夸克—膠子電漿態：不可能比這更熱更酷的了！

三種最常見的物質狀態（固態、液態、氣態）它們之間的差異或多或少取決於其分子的自由度，氣態分子比起液態或固態分子有較少的束縛。而電漿（plasma）則是另一種物質的狀態，在電漿的狀態下原子過度激發，以至於分裂開來。我們可以在太陽裡面找到以電漿狀態存在的物質，也可以在火焰或霓虹燈管中發現它。施加在霓虹燈管上的電壓提供了電子從原子中脫離所需的能量，使電子形成電子雲懸浮在正電離子附近。夸克—膠子電漿是一種比這還要高一階的激發狀態，它裡面的能量高到甚至原子核裡的質子和中子也分裂，釋放出夸克和膠子，使得它們共存於一個超高能量的湯中。夸克

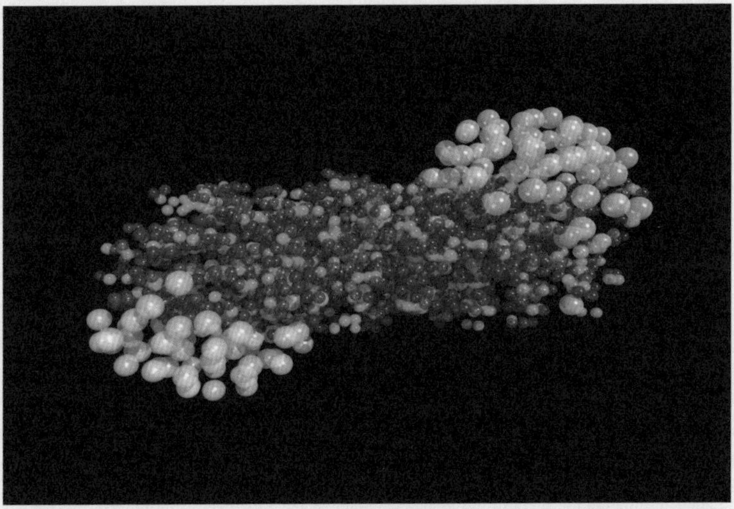

圖3.9 兩個鉛原子核對撞後一瞬間的模擬圖。每個鉛原子核包含有82個質子和125個中子。一開始包含在質子和中子裡的夸克以紅色、綠色、藍色顯示，而仍然完整的質子和中子則以白色顯示。

資料來源：歐洲核子研究組織。

—膠子電漿只存在於宇宙最一開始，即僅存在於大霹靂之後百億分之一秒。接著在宇宙膨脹的過程當中，夸克—膠子電漿開始冷卻下來，進而使得夸克和膠子速度慢到足以形成質子、中子以及其他強子。在宇宙誕生之後，夸克—膠子電漿第一次再現於宇宙是在一百三十八億年後，西元兩千年的歐洲核子研究組織的超級質子同步加速器之中，之後也在美國布魯克赫文國家研究所（Brookhaven Laboratory）中出現過。目前大強子對撞機中所發生的對撞，其所產生的溫度會比太陽中心普遍溫度還高出十萬倍。

大強子對撞機不僅可以加速質子，也可以加速重離子，像是電子被剝離的鉛原子。鉛原子核包含有八十二個質子和一百二十五個中子。每年大約有一個月的時間，大強子對撞機裡的質子會被鉛離子取代，它們產生出甚至更高能的碰撞，能量高到足以產生一些夸克—膠子電漿（圖3．9）。電漿雖然是由單獨的粒子組成的，但卻表現出群體的行為，就好像一群蜜蜂以凝聚力和流動性移動一樣。實際上它是一種超流體（superfluid），即沒有黏度的流體。物質的黏度決定了它是否像蜂蜜一樣黏稠或像水一樣流動。超流體的流動性是如此之高，以至於它沒有辦法被局限住；它往各個方向蔓延，甚至流出其容器。很難找到比這更酷的了！

碰撞

在大強子對撞機的粒子束中，質子大部分時間被分成一千四百零四團，每一團包含大約一千億個質子。每五百億分之一秒（即50奈秒，或稱毫微秒（nanosecond））就有一團的質子會與反方向前進的另一團質子相遇。在二〇一五年底，這個比例翻了一倍，甚至產生出更多的碰撞，每25奈秒就有二千八百零八團的質子對撞。這些碰撞發生在四個偵測器的正中心（圖3.10）。只有少數的質子會在交會處對撞、進而釋放出各種粒子生成所需的能量，生成的粒子從最為人所知的到最稀有的都有。

最容易產生出來的粒子必然就是研究得最多的粒子，因為長期以來它們的量都很多。這些粒子為我們提供了用來校正儀器的寶貴基準點。但是，這些過去曾因它們的發現而讓物理學家們獲得諾貝爾獎的粒子們，如今可能變成了研究上的麻煩。它們形成背景雜訊，掩蓋了新的、尚未發現的物理現象，於是我們別無選擇。想要偵測到那些不太常生產出來的粒子，就必須費力的處理數以兆筆的普通事件以挖掘出新粒子。然而，確切地知道有多少可預期的背景雜訊是很重要的，它讓我們能確認是否存在任何（超出預期背景雜訊的）訊號。因此我們必須收集數十億筆的碰撞事件並做篩選，以擷取出具有不尋常特徵的事

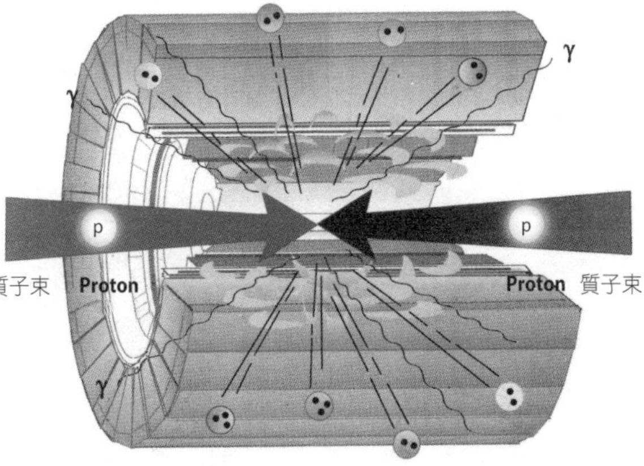

圖3.10 示意圖：兩團以相反方向環繞加速器循環的質子束在偵測器的中心碰撞。

資料來源：歐洲核子研究組織。

圖3.11 一個重且不穩定的粒子其衰變與大硬幣的兌換規則相似。此圖是把一歐元的硬幣「拆」成較小硬幣的其中一種方式。這些較小的硬幣並不存在於一歐元硬幣裡面，但它們合起來的總價值是一歐元。與此同理，一個重且不穩定的粒子，會以與其質量等價的能量，以更輕、更穩定的粒子的形式重新出現。

資料來源：寶琳．甘儂，Pixabay線上免費圖庫。

件，這些事件中就藏有我們想研究的粒子。

兩顆質子碰撞所釋放出來的能量會物質化（materialize），以粒子的形式出現。這些粒子又重又短命，生成後幾乎立即就分裂成許多的碎粒。每一次的碰撞看起來都像一個微型煙火。我們必須要捕捉到所有的碎粒才能還原最一開始生成的原始粒子。這就是所謂的粒子衰變（particle decay），它跟硬幣的兌換規則非常類似（圖3·11）；如同我們在第二章中討論過的那樣，一個幣值大的硬幣可以兌換成幾個幣值較小的硬幣；一顆重的、不穩定的粒子（例如希格斯玻色子）會在它一產生後幾乎立即就分裂成幾顆較輕的粒子；也就是說，與原始粒子質量等價的能量以更輕、更穩定的粒子的形式再次出現。偵測器的目的是要測定這些粒子每一個的起點、軌跡、方向、能量、電荷和身份，以判定最一開始生產出來的粒子是什麼。

偵測器

在四個大強子對撞機的偵測器當中，緊緻緲子螺管偵測器（圖3·12）最重，重達1.5萬短噸（short ton，這數量等於1.4萬公噸），是艾菲爾鐵塔的兩倍；而超導環場探測器則是最大的，它的大小大約

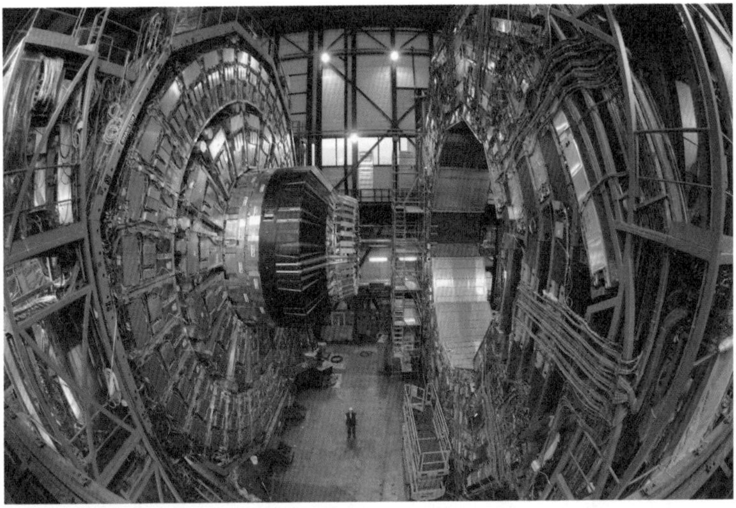

圖3.12 壯麗的緊緻緲子螺管偵測器。
資料來源：歐洲核子研究組織。

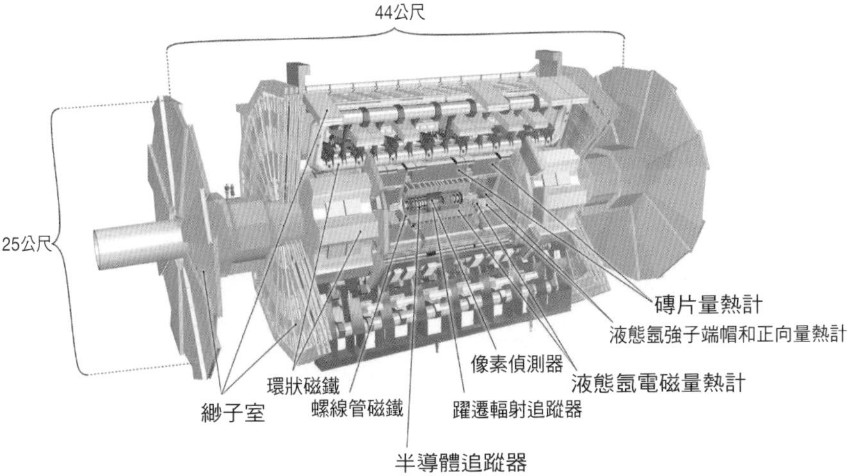

圖3.13 超導環場探測器的示意圖，這是大強子對撞機四部運轉中的大型偵測器的其中一個。
資料來源：超導環場探測器。

是巴黎聖母院（Notre-Dame Cathedral in Paris）的一半。但是，與這兩個龐大的歷史建築不同，粒子偵測器是由數億個超精密零件所組成的，每個零件都由手工製造和組裝。在二〇一四年紀錄片《狂熱分子》（*Particle Fever*）中，我的同事莫妮卡．丹佛德（Monica Dunford）就把超導環場探測器比擬為一只龐大的瑞士錶。這四個大強子對撞機偵測器確實具有巨大與高精密度的特質。

偵測器是由數個同心層所組成的，就像一套俄羅斯娃娃或一顆洋蔥的各層一樣。每一層專門用於收集部分訊息，並具有如同錫罐的形狀：一個中空的圓筒和兩端的蓋子。整體必須完全密封：沒有任何一顆穿過的粒子可以逃過偵測。

以下我將介紹超導環場探測器（圖3．13）；我參與了它的設計、建造和運轉，因此它是我最了解的一個偵測器。其他的偵測器和超導環場探測器類似，但使用了不同的技術。這一點其實是很重要的，因為如果兩個完全不同的儀器對於一個新物理現象的量測都得到相同的結果，那麼該測量就會是無庸置疑正確的。我們在下一章中將看到，發現希格斯玻色子的情形便是如此。

要測量一樣東西總是可以有好幾種方法。就像我要說的這個故事一樣：一位物理教授要求一位學生使用氣壓計來估算建築物高度，這個學生當然知道她只需要測量地面和建築物屋頂之間的壓力差，就能估算出建築物的高度，但是她覺得這個方法太複雜了，她建議把這個氣壓計當作一個鐘擺使用，由鐘擺的振盪頻率來決定建築物的高度。當她的教授否定這個答案時，她提出了第二種方法。即把氣壓計從建築物的屋頂上丟下去，測量氣壓計在摔到地面之前經過了多少時間，由此推估建築物高度。最後，當她的教授變得愈來愈不耐煩的時候，她建議把氣壓計送給建築物的管理員，以換取建築物高度的資料。

而不管你所採用的方法是什麼，對於任何一種測量而言都只會有一個答案是好答案、對的答案；無論採用的是哪一種方法，都必須獲得相同一致的結果。粒子偵測器需要數個子偵測器來提取各種訊息，而每一個子系統都包含了幾種不同的技術。超導環場探測器和緊緻緲子螺管偵測器團隊選擇了不同的方法，藉此提高對於新觀測結果的可靠性。粗略地說，每個偵測器都需要四層探測設備：一層路徑追蹤系統（tracking system）用來重建帶電粒子的軌跡、數個量熱計（calorimeter）用來確定每個粒子的能量、數個磁鐵用來提供磁場讓追蹤系統能夠確定帶電粒子的電荷和動量，還有數個緲子偵測器（muon detector）——讓你猜猜這是做什麼用的？

路徑追蹤系統

路徑追蹤系統的作用是重建所有帶電粒子的軌跡。電中性粒子在這些偵測器中不會留下任何痕跡。追蹤器會放置在盡可能靠近粒子束的地方——小於4英寸（10厘米）——這樣追蹤器就能盡可能精確地重建每個路徑的起點。但是愈靠近粒子束的地方輻射強度愈大，因此，偵測器不只必須由非常輕的材料所構成，如此粒子才不會受其影響而從它們原先的路徑偏移，而且也要能夠承受高輻射。

超導環場探測器具有三個路徑追蹤子系統。第一層叫作像素偵測器（Pixel Detector）。這個偵測器是由矽做成的，它的功能像是一台相機。在愈靠近粒子束的地方路徑密度會愈高，因此為了能夠區別不同的路徑，這種偵測器必須超級精密。靠著它的八千萬個數據讀出通道，超導環場探測器的像素偵測器測定路徑的位置可以達精度約為0.6密耳（mil），或0.6千分之一英寸（14微米〔micron〕，或14千分之一毫米）。在二〇一三年為預定的保養而第一次技術停機以前，超導環場探測器有三個像素層，現在第四層已經安裝上（圖3．14），準確度更高，這使我們在二〇一五年以更高的能量重啟大強子對撞機之後，能夠在每筆事件中處理更多的路徑和更多的疊加碰撞（圖3．15）。

當質子束交叉時，會有幾顆質子在同一時間發生碰撞。重建路徑起點的時候，多加的這層像素層可以提供更高的精密度。大部分的碰撞都只是質子彼此間輕微的擦撞，這種碰撞事件只有很低的能量。只有面對面的正面對撞能量才會高到足以產生出我們所感興趣的東西。我們必須將碰撞出來的每條路徑和一個精確的碰撞點相連結，以便只保留來自同樣碰撞點的所有路徑，如圖3．15所示。在這張圖中，在一個高能量對撞發生的同時，有另外二十五個輕微的碰撞發生。我們可以清楚看到左圖放大部分的二十五個單獨碰撞點。由亮線（黃色）顯示的兩條非常高能的路徑從同一碰撞點射出。沒有任何來自低能量碰撞的其他路徑與該碰撞點相關聯，我們因此可

圖3.14 二〇一四年五月，將第四個像素偵測器層插入超導環場探測器的中心。

資料來源：海因茲．彭內格（Heinz Pernegger），超導環場探測器。

以忽略其他所有路徑，僅保留這兩條路徑。

從碰撞點往外移，下一層是矽追蹤器（Silicon Tracker），它是另一個半導體追蹤器（semiconductor tracker），它的目的也是以高精密度偵測每個帶電粒子的通過。這個偵測器由微小的矽

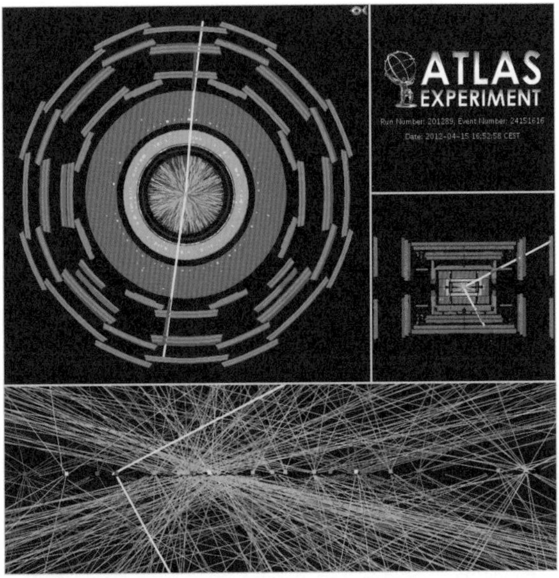

圖3.15 超導環場探測器捕捉到的一筆事件，這筆事件包含了從同一碰撞點射出的兩條高能路徑。儘管在主要高能對撞之上疊加了其他二十五筆低能碰撞，這兩條高能碰撞路徑仍然清晰可見。這二十五個碰撞點全擠在一個小於三英寸（7.8公分）的空間裡。

資料來源：超導環場探測器。

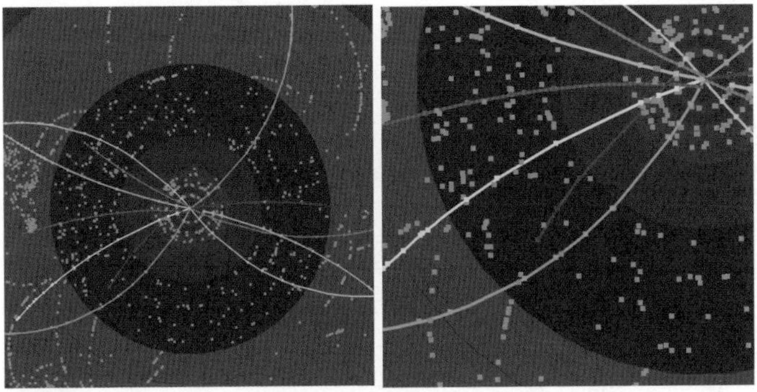

圖3.16 一個帶電粒子在超導環場探測器三個路徑追蹤系統中留下的訊號。只要把所有的點連起來，就能重建出粒子的軌跡。

資料來源：超導環場探測器。

條（silicon strip）製成，當帶電粒子通過時，這些矽條會被激活。矽追蹤器有兩個雙層同心層，因此每個帶電粒子通過的時候會在上面上留下四個點，當我們把這些點連起來時，就能重建出帶電粒子通過的軌跡。

第三個路徑追蹤儀器是最大的，但也是最不準確的。我們稱它為TRT，這是躍遷輻射追蹤器（Transition Radiation Tracker）的縮寫。這個偵測器由小碳纖吸管（carbon fiber straw）所組成，裡面含有氣體，這些氣體在帶電粒子通過時會釋放出電子。每個吸管中心都有一條精細的電線，用來收集電子，當電線被氣體釋放出的電子擊中時，就會引起小放電而讓我們可以偵測到帶電粒子的通過。平均來說，一個帶電粒子會通過三十二根吸管，所以會在這個偵測器上留下三十二個點。放置在吸管之間的聚丙烯纖維使得這個偵測器不僅可以重建粒子的軌跡，而且還可以利用粒子們從聚丙烯纖維穿越到氣體（或者反過來）時發射出的電磁輻射來區分它們是電子或是π介子。這個輻射對於電子而言比對π介子重要，因此科學家可以利用該輻射來區分兩者。知道每個粒子（或碎粒）的確切身份是基本而重要的，這讓我們可以更好地還原碰撞事件並確定最一開始生成的原始粒子。

連接到這三個子偵測器的電子模組會傳遞偵測器所發出的訊號，提供我們所有讀出通道的被擊中列表。總的來說，如圖3.16所示，對於每個帶電粒子，我們可以從像素偵測器得到三個點（中心周圍的灰色圓圈，二〇一五年後增加到四個點），從矽半導體追蹤器（黑色圓圈）得到四個點，從躍遷輻射追蹤器平均得到三十二個點（外部區域，紫色）。如果想重建粒子的軌跡，我們需要做的就只是把所有這些點連起來（這在下方的放大圖中更清楚）。這是一筆二〇〇九年初由超導環場探測器捕捉到的碰撞事件，當時大強子對撞機運轉的強度較低，因此同一時間中記錄到的碰撞事件較少。

磁鐵

磁鐵可以使帶電荷粒子的軌跡偏轉。帶正電粒子的軌跡會往一個方向轉彎，而帶負電的粒子則會往另外一個方向轉彎，如圖3．16所示。粒子的速度愈快，就愈難使其軌跡偏轉。這就像一輛高速行駛的汽車想要轉彎一樣，汽車跑得愈快，就需要愈大的力才能使其急遽轉彎，而這個轉彎的力是來自於輪胎和路面之間的摩擦力。要在低速下急轉彎是很容易的，但在高速下難度就高出許多。這也是為什麼大強子對撞機必須如此之大，如果它不夠大，就不可能建造出超強力磁鐵，強大到可以將質子保持在急劇轉彎的曲線軌道上。

超導環場探測器有兩個磁鐵。第一個是螺線管磁鐵，它圍繞著路徑追蹤系統，並使所有穿過追蹤器的帶電粒子的軌跡彎折。但超導環場探測器最引以為豪的其實是它龐大的甜甜圈狀（或環形〔toroidal〕）超導磁鐵，這個磁鐵唯一的目的是使緲子的軌跡彎折，包括能量最高的緲子。

速度很低的粒子並沒有多大的能量或動量（momentum）——即其質量和速度的乘積。其軌跡可以很輕易地被彎折，使得它達不到量熱計，也就是追蹤器的下一層。螺線管磁鐵藉由剔除背景中其他以低能量碰撞的粒子，讓我們能夠釐清雜訊。因為磁鐵所提供的磁力是固定的，我們可以藉由測量粒子軌跡的曲率來確定它的動量。

量熱計

與追蹤器不同，量熱計（圖3．17）要愈大愈好，即便是最高能的粒子也能夠停下來。它的作用是測量從碰撞點發散出的每個粒子所攜帶的能量。這一組量熱計對所有粒子的偵測都很靈敏，除了微中子以外。量熱計有兩種類型：電磁量熱計和強子量熱計。如同它們的名字所暗示的，第一種量熱計攔截任何與電磁力反應的粒子，如光子和所有帶電粒子。但光子和電子是唯一會在這個儀器裡面失去所有能量的粒子，因為對於較重的粒子來說，該能量耗損過程很快就變得不那麼有效果了。第二種類型的量熱計則只與強子（由夸克組成的粒子）產生交互作用，這些粒子可能帶電或不帶電。質子、中子、π介子和其他強子會在這裡失去他們所有的能量。

緲子偵測器

偵測器的最後一層專門用於緲子身上。你可能還記得，緲子類似於電子，但是比電子重了兩百倍。由於其

圖3.17 正在安裝超導環場探測器的其中一個量熱計。
資料來源：超導環場探測器。

質量的緣故，它在電磁量熱計裡只損失很少的能量。而且因為它不是由夸克組成的，所以它不和強子量熱計起交互作用。緲子是唯一能夠通過兩層量熱計的帶電粒子，所以是唯一能夠到達偵測器最後一

圖3.18 超導環場探測器兩個龐大緲子輪（Muon Wheel）的其中一個。想在它前面拍一張好的自拍照並不容易。

資料來源：歐洲核子研究組織。

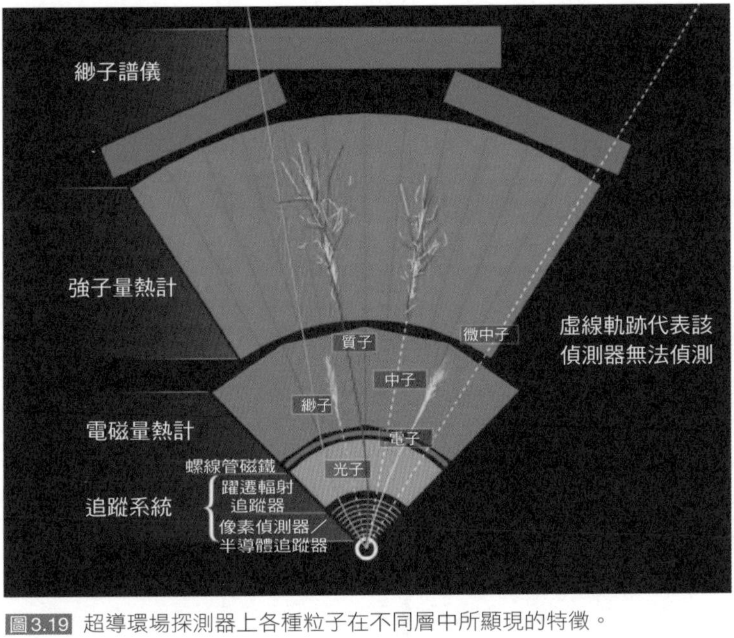

圖3.19 超導環場探測器上各種粒子在不同層中所顯現的特徵。

資料來源：超導環場探測器。

層的粒子，這層被命名為緲子偵測器（圖3．18）其實很適切。該層事實上形成了一個路徑追蹤系統，提供訊息好讓科學家重建緲子軌跡。

粒子鑑別

藉由結合路徑追蹤系統接收到的資訊、軌跡曲率、澱積（deposit）在量熱計中的能量，以及來自緲子偵測器的訊號，我們可以推斷碰撞中出現的每個粒子的身份，如圖3．19所示。它的原理就跟在新鮮的雪地裡找足跡一樣。懂得的人可以輕易地將狐狸的腳印與野兔或滑雪者的腳印區分開來。同樣地，當粒子穿過偵測器的各個層時，會留下不同的印記。由實線表示的帶電粒子在追蹤器中會留下訊號，但虛線表示的中性粒子則不會。電子和光子很容易辨別，他們兩個都會在電磁量熱計中澱積所有的能量，電磁量熱計是粒子從碰撞點向外移時所遇到的第一個量熱計，但只有電子會在路徑追蹤系統中留下足跡，光子則不會。質子也可以與中子區分開來，因為足跡與其能量澱積有關，而中子只在強子量熱計裡面留下訊號。緲子則是最容易辨別的粒子，因為它會在追蹤器和緲子偵測器中留下足跡，在量熱計上則幾乎不澱積任何能量。

我們甚至可以偵測到「隱形」粒子的存在，所謂隱形粒子就是不與偵測器產生交互作用的粒子，例如微中子。這些隱形粒子在圖3．19中以白色虛線表示。由於所有的事件都必須符合能量守恆定律，每個事件因此必須在各個方向上達到能量平衡。就像煙火一樣，我們總是觀察到碎粒會往所有的方向飛。我們必須重建出屬於同一個碰撞的所有軌跡，考慮量熱計中澱積的能量，最後確定所有東西都是平衡的，至少在垂直於粒子束的平面上必須是平衡的。在碰撞之前，質子並沒有在這個平面上移動，因此碰撞後衰變的產物也不應該在這個平面上移動。

在圖3.20中，左圖中的紅色直線代表非常高能的緲子軌道。我們可以很容易看出這是一個緲子，因為這個路徑在緲子偵測器中留下了一個訊號，綠色的長方格代表的是該緲子通過的緲子偵測器。該圖右方給出此事件重建之後，在垂直於離子束的平面上所有路徑的投影。緲子路徑由紅色直線表示。另一些彎曲的路徑（橘色）代表著同時發生的、來自其他碰撞的低能量粒子。虛線表示在此事件中缺失不見的能量的方向，它是由留在量熱計裡的所有能量加總在一起之後推算得出的。我們認為這個缺失的能量和一個不與偵測器交互作用的粒子相關，這是一個偵測器看不到的東西，它從碰撞事件中帶走了一些能量，並且躲過了偵測器。在這個例子裡面，不見的能量歸因於一顆反緲子微中子。把該緲子和該反緲子微中子的能量相加起來，我們可以得到一個質量為83 GeV的粒子，這差不多是W玻色子的質量。這個事件最有可能是一個W玻色子衰變成一個緲子和一個反緲子微中子，儘管它也可能是另一類型與該特徵相仿的事件所造成的。在粒子物理學中，一切都是統計問題，我們永遠無法百分之百的確定某事件是屬於哪一種特定確切的類型，因為總是有一些背景干擾，我們將在下一章中討論這個問題。

觸發器（trigger）

一個事件（event）就是兩個質子碰撞後產生之粒子其衰變的重建圖像，偵測器的每一層都提供部分所需的訊息。超導環場探測器包含有一億個不同的讀出通道，每一個事件就相當於由一億片拼圖重建出的圖像，我們從子偵測器產生的一億個小訊息中重建出原始圖像。這正是一部一億像素的相機所做的事：從一億個小點（或像素）重組出每一張圖。但這和相機快照有一個很大的區別：超導環場探測器拍的是每個事件的快照，而每秒最多可以發生四千萬筆事件。可是我們根本沒有辦法儲存這麼大量的數據，所以大部分的快照會被丟掉。現在還是很難克服！

偵測器就像在度假中的遊客一樣，幾乎不間斷地一直在拍照。事實上，它每兩百五十億分之一秒會拍一張快照，這個時間是兩束質子束通過的間隔，偵測器因此以令人難以置信的速率每秒鐘產生了四千萬張照片（或事件）。如果沒有一點常識，我們很快就會被數據淹沒，就像從假期回來後我們被成堆的照片難倒而不知該如何處理。因此我們必須事先決定什麼樣的事件值得保留，這就是一個名為觸發器的複雜系統的作用。

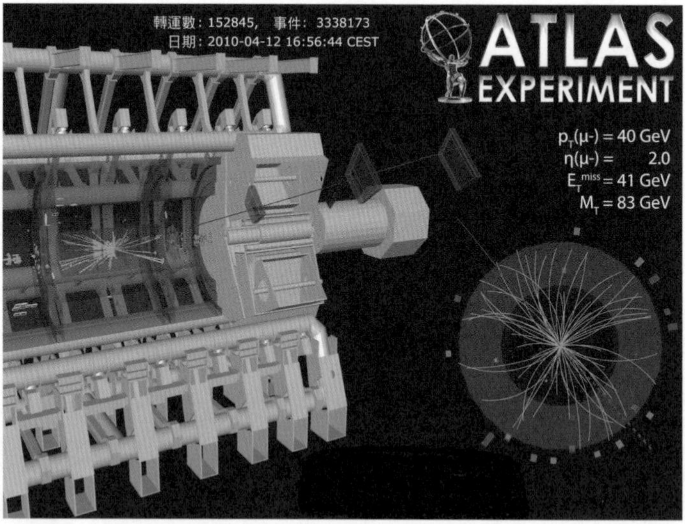

圖3.20 一個超導環場探測器所收集到的事件，它具有W玻色子衰變成緲子（紅線）和反緲子微中子（紅色虛線）的特徵。
資料來源：超導環場探測器。

就超導環場探測器實驗而言，這種選擇性篩分（selective sorting）在兩個層次上進行。在第一個階段，超快電子模組得在大約百萬分之二秒內決定剛發生的事件我們是否有可能感興趣，這些電子模組靠著尋找粒子撞擊偵測器特定部分所引發的訊號來完成這項工作。舉例來說，緲子系統中偵測到的高能緲子，就可能來自一個非常高能碰撞中產生、而我們也感興趣的重粒子，而在量熱計中，如果有測到高能量的澱積，這也可能是來自我們感興趣的粒子。在這個階段我們每秒只保留七萬五千筆事件。

接下來，大型電腦網路接手，更詳細地評估這些事件的潛力。電腦可以非常快速地執行一系列相當簡單運算，它會尋找醒目的特徵，從中篩選出每秒中最有潛力的二百筆事件。只有這兩百筆會被保留下來，其他的就直接進垃圾桶，永遠消失不見了，沒有第二次機會。我們絕不能犯錯，即便是在這個階段我們也沒有時間重建所有事件的細節。

經保留的事件接著分發到世界各地，利用網格運算（Grid Computing）這個大型分散式計算系統來進行最終的事例重建。在超導環場探測器團隊中，網格將任務分配給位處於十一個不同國家、成千上萬臺互相連接的電腦節點。一旦重建完成，這些事件會交給物理學家，讓他們從各個可能的角度進行篩選和檢視。

這就是數據分析，在這個階段物理學家們便會從中尋找新的粒子。我們將在下一章中看到數據分析是如何運作的。

重點提要

當我們想探索無窮小的世界時，所有東西都是超大的。粒子物理學中使用的兩個主要工具是加速器和偵測器。加速器（例如大強子對撞機）可以加速質子，使質子以接近光速的速度對撞。新的粒子從這些碰撞所釋放出的能量中生成。四個大型偵測器圍繞著十七英里（二十七公里）長的大強子對撞機，當新生成的粒子分裂時，這些偵測器可以偵測粒子們分裂的碎粒。偵測器是由多層的同心層構成的，每層都擷取部分訊息，這些訊息會用來重建質子碰撞當下所產生的原始粒子。偵測器因此就像一臺大型的相機在拍攝事件快照，事件們像拼圖一樣從一億個小訊息中重建出來。最後的任務是篩選這些事件，以提取出我們最感興趣的事件，也就是那些可以揭露新粒子或新現象存在的事件。

第四章　發現希格斯玻色子！

我們有一台很棒的加速器大強子對撞機和最先進的偵測器。把每個儀器打開，它幾乎[1]馬上就可以開始運作，接著收集幾十億筆對撞事件。然後呢？我們要怎麼找到希格斯玻色子（圖4．1）？以下就是漫長的數據分析歷程。

希格斯玻色子是一種高度不穩定的粒子，它在誕生後僅僅存活10^{-22}秒，也就是一萬兆的百萬分之一秒*（換句話說，不是很長）。它幾乎一生成馬上就分裂、產生出其他的粒子。這並不代表其他的粒子包含在希格斯玻色子

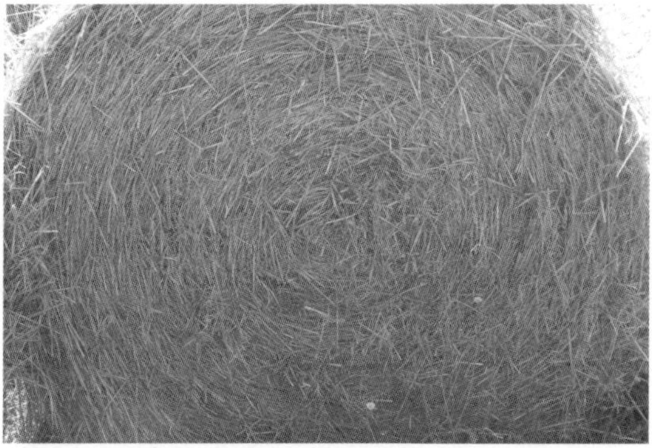

圖4.1 如果尋找希格斯玻色子就如同在一個乾草堆裡找一根針，事情也就不會這麼困難。但倘若乾草的量足以塞滿無數的穀倉，我們又該如何著手呢？
資料來源：瑪莉恩．韓。

1 二〇〇八年九月十日，自開始運轉的那天起，一切都運作地不可思議的好，但九天之後發生了一個重大的事故，損害嚴重，加速器因此停止運轉超過一年。

*譯註：或照字面翻譯，十億的十億的一萬分之一秒。

裡面，而是與希格斯玻色子質量相等的能量以小粒子的形式再次出現。因此我們從不觀察希格斯玻色子本身，而只觀察它衰變後的產物。對一個粒子來說，衰變就像拿幣值大的硬幣換小硬幣。例如，一歐元的硬幣可以換成幾種10、20或50分硬幣的組合。同樣的，所有粒子都如同希格斯玻色子一樣，可以用多種方式轉換，而每一個轉換的方式就稱作一個衰變道（decay channel）。

衰變道

根據標準模型，理論物理學家可以預測觀察到各個衰變道的機率（即粒子以某一特定方式分裂的次數），這些預測取決於希格斯玻色子確切的質量。然而，在發現希格斯玻色子之前，我們並不知道它的質量。這就有點像在不知道某電台頻率的情形下，試圖接收該電台一個非常重要的訊息。這並不容易，特別是在如果訊號微弱且有很多「靜態」雜訊（static noise）的情況下。以希格斯玻色子來說，當超導環場探測器和緊緻緲子螺管偵測器開始記錄事件時，當時我們並不知道希格斯玻色子的「無線電頻率」（radio frequency）：我們只知道它的質量必須大於114 GeV且低於157 GeV，因為其他先於大強子對撞機的實驗在這個數值範圍以外找不到任何東西。

如同我們在第二章討論過的，標準模型理論預測了一個粒子的質量取決於它和布勞特–恩格勒–希格斯場之間交互作用的強度，重的粒子和希格斯玻色子有較多的交互作用；換而言之，希格斯玻色子傾向於衰變成較重的粒子。假設標準模型的預測是正確的，那麼即便我們不知道希格斯玻色子確切的質量，標準模型也可以清楚告訴我們希格斯玻色子可能衰變的方式。最重的粒子是頂夸克，它的質量是174 GeV，但是考慮到頂夸克這麼重，質量介於114 GeV和157 GeV之間的希格斯玻色子不太可能產生出兩個頂夸克。比較好的選項就是衰變成一對底夸克，它們是重量僅次於頂夸克的粒子。*

衰變成夸克

偏偏不巧的是，其他的方法也可以產生出一對底夸克和反底夸克，要把這些方法跟來自希格斯玻色子的衰變區分開來並不容易。除此之外，一旦衰變產物裡面有夸克，就很難清楚地看出到底發生了什麼事，因為夸克從不單獨存在。夸克身邊總是圍繞著其他夸克，他們會形成強子（由夸克組成的粒子）。

夸克通常以成對的方式產生，並且藉著像橡皮筋一樣的膠子把它們聯繫在一起。假設橡皮筋的兩個末端代表夸克。當兩個夸克試圖以高速分開時，橡皮筋最後會斷掉。然後會得到兩個小段的橡皮筋，每一段都各自有兩個末端。在這個比喻裡面，我們最後會有四個夸克。由於這四個夸克也是很高的能量所產生的，這些夸克會繼續分開，直到它們把自己的橡皮筋打斷，再產生出更多的夸克。所有這些夸克都會轉而形成新的輕強子。

最後我們會得到含有數個強子的粒子噴流（jet）。由於噴流中含有很多的粒子，跟單獨的粒子如電子、光子或緲子相比，它們的能量更難測量，所以我們在量測粒子噴流時，並不容易得到高精度的

*譯註：這裡的「一對」指的是一顆正粒子與一顆它的反粒子，而非兩顆一模一樣的正粒子。

結果。這就是為什麼儘管許多生成的希格斯玻色子都衰變成了底夸克，但是在希格斯玻色子的發現上面，我們並沒有使用含有夸克的衰變道。

在量大與乾淨之間作抉擇

有些衰變道數量比較多*，有些則比較乾淨（也就是較少背景雜訊）。可惜的是，這兩種性質很少一起出現。雖然乍看之下，明智的作法應該是在最常出現的衰變道中尋找希格斯玻色子，但因為有背景「雜訊」存在的緣故，這個方法並不總是最好的。

我們再回到尋找未知頻率電台的這個例子。比較好的方法是使用一種能夠濾除雜訊的設備來偵測該訊號，而不是一台會讓我們聽到的大部分都是背景雜訊的超靈敏接收機。而科學家們為了掌握全貌，必須檢查所有的可能性，因此我們試圖在幾個不同的衰變道中測量希格斯玻色子的質量，以確定所有的結果都是一致的，這麼做我們也可以檢查大自然的行為是否符合理論所作的預測。

訊號和背景

標準模型預測了希格斯玻色子有時候會衰變成兩個Z玻色子，但是它也預測了兩個Z玻色子其實更容易直接生成而不涉及任何希格斯玻色子。所以說，如果我們在一個事件中發現了兩個Z玻色子，並不代表希格斯玻色子就一定存在；事實上比較有可能的情況是這兩個Z玻色子其實來自於一般的已知物理過程。所以當我們想尋找稀有的東西時（例如希格斯玻色子衰變成兩個Z玻色子），這些我們已知的物理過程就會變成阻礙。

於是乎，有兩種不同類型的事件都會包含兩顆Z玻色子：訊號（signal）代表了所有包含希格斯玻色子的事件，而背景（background）則是所有來自其他來源的事件。在無線電臺的這個例子裡面，訊號是我們想要收聽的無線電訊息，背景則是靜態雜訊。如果靜態雜訊太多而訊號太弱，我們就無法從背景中辨認出訊號，於是就聽不到任何東西。

衰變成四顆輕子

跟希格斯玻色子一樣，Z玻色子也是不穩定而且壽命很短的，它其中的一個衰變方式是產生出一對輕子（即緲子–反緲子對或電子–正電子對）。儘管與衰變成輕子對相比，Z玻色子有十倍的機率會衰變成夸克，但如前所述，有太多背景事件也包含了夸克，因此幾乎不可能找到Z玻色子衰變成夸克的訊號，那會像試圖在一場重金屬音樂會裡靠耳朵找到一隻蟋蟀一樣！挑出較不常出現但容易識別的事件終究是比較簡單的，例如包含四個緲子、四個電子或緲子和電子各兩個的事件。當然這些事件佔少數，但另一方面背景卻弱得多，我們可以更容易地找到這個難以捉摸的廣播電台。

想要擷取出訊號，須套用選擇準則（selection criteria）以只保留內含兩個Z玻色子的事件。每個

*譯註：有比較高的機率出現，因此觀察到的數量較多。

緲子對或電子對的合併能量必須等於一個Z玻色子的質量或接近這個質量的值。讓我們再回到粒子衰變和硬幣兌換之間的類比。如果我們手中的零錢全部來自於一枚硬幣的兌換，這些零錢的總和將永遠會與初始硬幣的幣值相等。但如果這些零錢來自於我們把口袋掏空，那麼得到的值則會是隨意的總值，因為這些硬幣並不是來自特定幣值的一枚硬幣。

同樣的情況也會發生在兩顆電子或兩顆緲子身上，如果它們並不是來自於Z玻色子的衰變，那麼它們合起來的質量將會是隨機值，我們因此可以剔除那些兩顆電子或兩顆緲子合併質量不等於Z玻色子質量的事件。在我們挑出所有含有兩個Z玻色子的事件之後，最後剩下的任務是確定哪些事件是來自希格斯玻色子。同樣的情況：我們把兩個Z玻色子的質量和能量相加，看看它們是否都對應於相同的值。所有來自希格斯玻色子的事件都會有同樣的質量值（這個說法有一些轉圜餘地，可參「質量：不是唯一值」），而背景則跟大範圍的隨機值相對應。

質量：不是唯一值

再把事情弄得更複雜一點，粒子的質量並不像硬幣的幣值那樣總是具有相同、唯一的值。在粒子物理學中，粒子的確切質量存在著一些模糊性。當粒子衰變的時候，會像在加拿大找錢一樣，四捨五入到最接近的5分。

質量中的這種不確定性稱為粒子的寬度。每個Z玻色子並不全都具有完全相同的質量。而且，就跟粒子物理學常面對的狀況一樣，一切都是機率問題。圖4．2中的曲線代表測量到某個粒子擁有特定質量的機率。最可能測到的值是中心值，例如Z玻色子的91 GeV。如果我們測量了多顆粒子的質量（例如測量了數百顆或數千顆的Z玻色子），就會得到像圖4．2中的曲線。

機率曲線上一半高度（如圖中的水平線所示）兩點之間的距離就是粒子的寬度，這個寬度跟粒子的壽命有關。在數學術語中，我們用粒子寬度的倒數來計算粒子的壽命。一個粒子如果有愈多可以選擇的衰變道，就會分裂得愈快；其壽命愈短，寬度就愈長。這有點像如果數家航空公司都提供到達同一目的地的航班，我們很容易就可以找到一個機位；相比之下，如果航空公司的選擇有限，要找到機位就比較困難。同樣地，如果粒子比較難找到衰變道，它就需要花比較多的時間才能衰變，它的壽命就愈長。

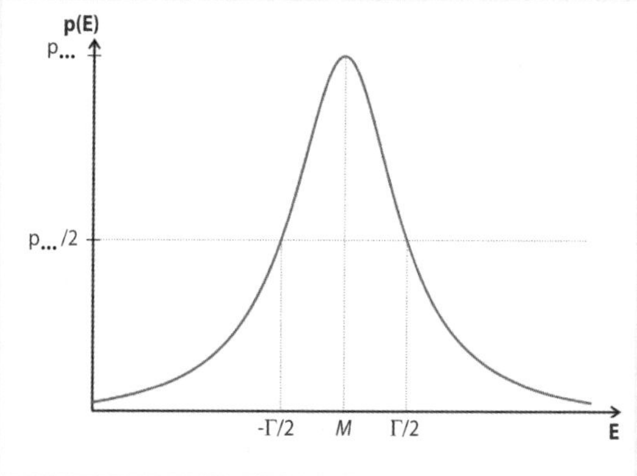

圖4.2 基本粒子的質量並不固定，而是會變化的：它可以有不同的值。圖中的縱軸是測量到某特定值的機率。最有可能測到的值是中心值M，這是當我們談到粒子質量時所給的值。

資料來源：維基百科。

標準模型預測希格斯玻色子的寬度為4 MeV，遠小於Z和W玻色子的寬度（它們的寬度分別為2500和2000 MeV），這相當於他們質量的大約2.5%。因此，以125 GeV為中心的希格斯玻色子的「自然」波峰（natural peak）會比Z和W玻色子的波峰更細。當我們在實驗上測量粒子寬度時，誤差也會影響自然寬度。（即為，測量結果也會受到儀器本身的測量誤差影響。）寬度上的差異使希格斯玻色子的壽命比Z和W玻色子的壽命長約五百倍。

我們可以從含有兩個Z玻色子的事件中重建出希格斯玻色子的質量。如果我們在許多不同事件當中測量好幾個希格斯玻色子的質量，那麼測到的多個質量值的分布圖將會類似於圖4．2中的曲線。但如果這兩個Z玻色子是來自於背景，分布圖則不會有波峰，而會是隨機質量值。

Z玻色子的質量是91 GeV，而希格斯玻色子的質量是125 GeV。原則上，希格斯玻色子太輕，以至於無法產生兩個Z玻色子，因為每個Z玻色子都具有91 GeV的質量。但是質量並非只是簡單相加，像91 GeV加91 GeV，因為質量的值是可以有變化的。就好比錢和購買力的對價情形：原則上，如果你的口袋裡只有一百二十五美元，你不可能買到兩件九十一美元的商品。這個理論基本上是對的，但如果你在某處發現其中一件商品以更低的價格特價出售，你就有可能以一百二十五美元買到兩件原價九十一美元的商品，這種情況比較難出現，但不是不可能發生。希格斯玻色子只有在其中一個Z玻色子「價格較低」的情況下才有能力負擔得起兩顆Z玻色子，也就是其中一顆Z玻色子的質量遠遠不及其中心值的情況。然而，離中心值愈遠，發現質量較低之粒子的可能性就愈小。因此我們很少看到具125 GeV質量的希格斯玻色子產生出兩個Z玻色子，這個衰變道因此受到發生頻率太低所苦，但另一方面，它的背景雜訊還在可以處理的程度。

另一個先天上可能是一座寶庫的衰變道，是希格斯玻色子衰變成兩個W玻色子。因為W玻色子比Z玻色子輕，質量為80 GeV而不是91 GeV。希格斯玻色子較傾向於衰變成重粒子，但是W玻色子的衰變道其實比較常見，因為希格斯玻色子比較常負擔得起兩顆W玻色子。一個W玻色子可以衰變成一對夸克（但如前所述，總是有太多的背景雜訊），除此之外，W玻色子也可以分裂成一個緲子和一個反微中子，或是一個電子和一個反微中子。由於偵測器無法偵測到微中子，因此增加了測量的複雜度，而且也因為我們必須從缺失的能量中估算出微中子能量，這個方法便顯得不那麼精確。該衰變道因此僅用於驗證希格斯玻色子的存在，而不用來估計其質量，至少在發現希格斯玻色子時情況是如此，當時只取得少數數據而已。

更複雜的衰變道

希格斯玻色子也可以從其他粒子間接衰變的過程反推而得，其中一個例子就是衰變成兩個光子。由於光子沒有質量，它們並不與希格斯玻色子直接交互作用。然而，如圖4．3所示，希格斯玻色子可以透過虛粒子（virtual particle）中介的「迴圈」（loop）間接地衰變成光子，虛粒子一瞬間「借用」它們形成所需的能量而暫時產生，這就很像用信用卡買東西，但是就像跟銀行打交道一樣，借款並不簡單，這種衰變很少發生。

圖4．3中，希格斯玻色子（以字母H表示）分裂成兩個

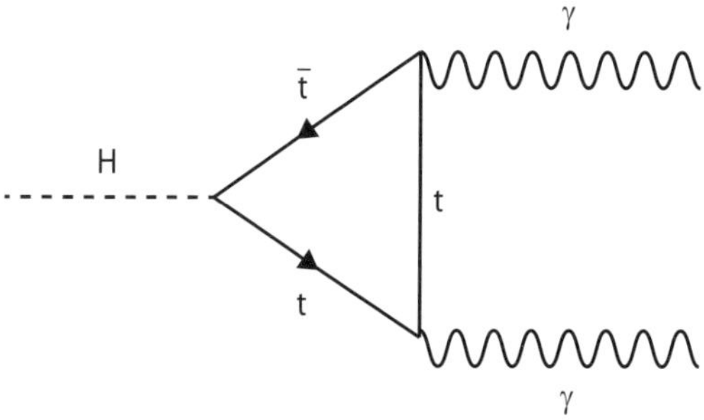

圖4.3 此圖說明了希格斯玻色子（以「H」表示）如何透過虛擬的頂夸克（t）衰變成兩個光子（γ）。
資料來源：烏爾里克·艾吉提（Ulrik Egede）。

虛擬的頂夸克（以 t 表示）。這些不是真的頂夸克，因為他們 174 GeV 的質量太重，不可能從希格斯玻色子 125 GeV 的質量中產生；第三個頂夸克與前兩個交互作用，產生兩個光子。三個頂夸克只有虛擬性地介入，最終只留下了由希臘字母 γ（伽馬〔gamma〕）表示的兩個光子。

我們還可以經由插入其他虛擬的重粒子到迴圈中或是透過其他甚至更複雜的過程來得到兩個光子；儘管上述情形有可能發生，但它們太過複雜，所以非常罕見。所有過程都具有一個共同的特徵，亦即當兩個光子的能量相加時，會等於希格斯玻色子的質量。乍看之下，這似乎不是發現希格斯玻色子最好的方式。不過正如我們將看到的，這個衰變道在希格斯玻色子的發現上，其實扮演了相當重要的角色。

事件的模擬和校準

如果我們不知道有多少事件來自於背景（其他來源的事件），我們就無法得知有多少事件來自於訊號。這就是為什麼物理學家求助於一個重要的工具：模擬事件。模擬事件是兩個質子碰撞時，粒子在偵測器中所留下之訊號的精確複製。模擬事件是收集了過去幾十年來每一個粒子物理學實驗中的所有知識的濃縮。理論物理學家整合了所學到的全部的知識，並轉而預測不同粒子產生的機率，以及這些粒子經由特定衰變道衰變的可能性。

接著，實驗物理學家模擬每一個自這些衰變中產生的粒子如何通過其偵測器，以盡可能忠實地仿造出足以複製真實事件的模擬事件。要做到對真實事件近乎完美的複製需要相當大的努力，因為必須檢查每一個想像得到的面向。我們必須模擬兩件事情：每一個已知的物理過程，以及數百萬個偵測器數據讀出通道對不同類型粒子通過時的反應。此外，還必須考慮到我們從來不是觀察單一碰撞事件，平均會有大約二十到四十個低能量碰撞同時發生。這些模擬以蒙地卡羅模擬（Monte Carlo simulations）為名，跟蒙地卡羅的賭場有關，因為在粒子物理學中，幾乎所有的東西歸結起來都是機率問題。

校準

在更進一步之前，甚至在能夠使用模擬以前，我們必須確定上億個偵測器數據讀出通道已正確地校準。要做到這一點，我們必須不斷地測量和重新測量熟知的物理量，以交叉檢查整個偵測器的校準。這是一項艱鉅的任務，必須一次又一次地確定粒子的能量和位置能夠被精確地測量，而不被外在因素所影響。為此，我們記錄環境濕度、大氣壓力的變化、某些組件的故障、各個偵測器使用的各種氣體的組成、偵測器每個角落的溫度，以及其他許多變量。

當偵測器每一層都被完美地校準時，數據就會完美地重現所有已知的物理量（圖4.4）。下一步是將模擬與實際實驗數據進行比較，以校準模擬。這是一個不斷演變的過程，我們將偵測器測量到的幾百筆物理量和模擬事件中同樣的物理量作比較，唯有如此才能確定套用在模擬身上的選擇準則對實際數據也有完全相同的效果。最後一個階段是確定套用於模擬和實際實驗數據的所有選擇準則都必須是相同的，從碰撞條件和觸發器演算法到粒子的行為，模擬和實驗兩邊都要有同樣的選擇準則。

想要找到希格斯玻色子，首先必須找到兩個Z玻色子，然後把它們重新組合在一起。對於Z玻色子，我們可以篩選出所有包含兩個高能電子或高能緲子的事件，然後把它們相加，得到所有這些輕子對的合併質量分布圖。原則上我們應該要找到Z玻色子的質量曲線，其中心峰值恰恰對應於Z玻色子的質量疊加在各種背景之上。我們可以確認模擬事件和實際事件是否給出完全一致的質量曲線，如果有不一致，就必須找出哪些模擬代碼的參數需要再調整。

即便是在眾多模擬參數中做一個最輕微的調整，都可能會對其他變量產生負面影響。這真的是一個很精細的作業，類似用紙牌蓋房子。一旦一個團隊提議修改模擬的其中一個參數，以改善一個子偵測器其模擬與實際數據的一致性，其他所有團隊就必須

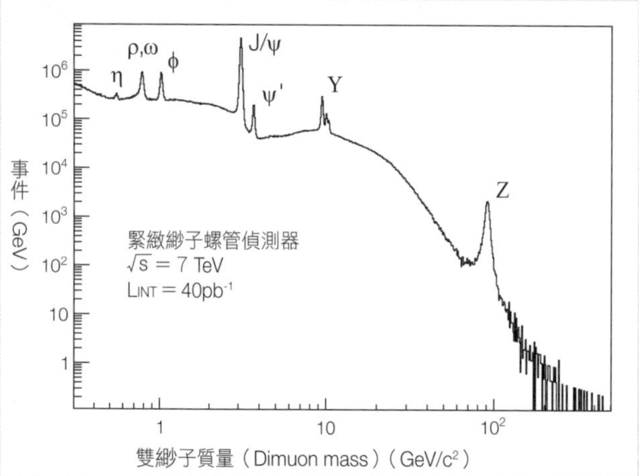

圖4.4 圖中的橫軸是偵測器辨識出的緲子對的合併質量，這是二〇一〇年緊緻緲子螺管偵測器最一開始運行時的數據。波峰對應於各種粒子（ρ,ω，J/ψ，Y（1S），Y（2S）及Z玻色子）的質量。縱軸為對於各個質量值發現到的緲子對的數量。由於這些粒子已被其他實驗辨識出來，因此它們的質量值是為人所熟知的。將緊緻緲子螺管偵測器測得的多個質量值與已知的值相比，可以讓我們用來校準偵測器。請注意，兩個軸使用的都是對數刻度。

資料來源：緊緻緲子螺管偵測器。

評估這項提議對偵測器其他部分或其他物理過程可能產生的影響。我們必須確保這個修改在任何可能的方面都真的能夠提高模擬和實際數據之間的一致性。

如何使結果不會受到先入為主的想法影響

模擬（參見「事件的模擬和校準」專欄）是以理論知識為基礎、複製偵測器的運作，它要能夠預測我們所預期的結果。模擬是避免測量受先入為主的想法所影響的重要工具，所有為了發現新粒子（例如希格斯玻色子）而納入考量的選擇準則，都必須嚴格地確立自模擬事件。違反規則是不被允許的，因為這可能會使結果有誤差。一直到最後一刻，進行數據分析的物理學家都只有在檢查校準以及檢查數據與模擬間的一致性時才會查看實際數據，從來不會是為了建立搜尋策略而查看。

模擬不僅複製所有已熟知的背景過程（例如兩個Z玻色子的生成），也複製訊號（如希格斯玻色子衰變成兩個Z玻色子）。理論物理學家考慮到的所有假設、甚至是最為牽強的假設，都會拿來模擬並與實際實驗數據相比較，希望可以藉此揭露新的現象。

要設計一套分析方式並找到希格斯玻色子，我們首先得用模擬來檢視訊號和背景的特徵，然後就可以建立最佳的選擇準則：在消除最多的背景的同時盡可能保留住最多的訊號。這些選擇準則一旦確定了，就不可以更改。因此，有必要確保所選擇的選擇準則會產生最佳的訊號背景比（signal-to-background ratio）。

統計方法

如果我有四個50分硬幣，誰能告訴我這些硬幣是從一個兩歐元的硬幣還是從兩個一歐元的硬幣換來的（圖4.5）？當這些硬幣是粒子時，我們幾乎可以做到這一點，但我們必須依賴非常複雜、先進的統計方法。

為了找到希格斯玻色子，我們所使用的方法包括了估算有多少來自背景的事件可以通過選擇準則，這些選擇準則當初是為了保留住最多的訊號而設計出來的。科學家可以通過兩種方式來做到：模擬或直接從數據中估算背景。舉例來說，如果我們想在特定的質量區域中尋找希格斯玻色子，我們可以先算出在另一個質量區域中背景的數量，然後外推求得感興趣區域的背景數量。

一旦確定了選擇準則，我們將其套用於實際的實

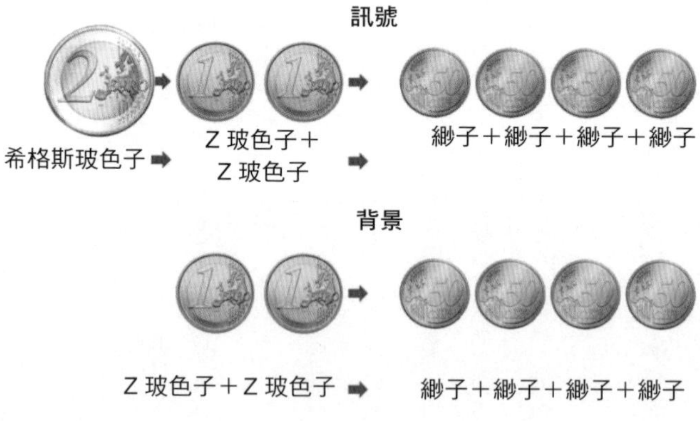

圖4.5 一模一樣的零錢可能是跟各種不同硬幣兌換來的。就像某些事件（背景）可能跟我們正在尋找的那類事件（訊號）具有一模一樣的特徵。
資料來源：寶琳．甘儂，Pixabay線上免費圖庫。

驗數據。然後就可以看出保留下來的事件數量是否跟只有背景的模擬一樣，或者是否有可歸因於訊號的少量額外事件。

玻色子糖漿的製作方法

我們經常聽到有人用「狩獵希格斯」（Higgs Hunting）這樣的措辭來描述關於希格斯玻色子的搜尋，聽起來好像我們要找到一顆希格斯玻色子，然後開槍射擊、剝製標本、最後把它掛在牆上展示。沒有什麼比這個用語離事實更遠，尋找希格斯玻色子的過程並不像狩獵，而比較像是採集。其實這個過程非常像楓糖漿的生產（圖4.6），所以，以下就是我的希格斯糖漿製作方法。

要製作好的楓糖漿，首先必須找到對的樹（即楓樹），避免在其他樹種（如白樺樹〔birch tree〕或白蠟樹〔ash tree〕）上刻痕取液。楓樹汁中的糖是我們的訊號，其中的水

圖4.6 加拿大魁北克薩格涅河（Saguenay River）上聖羅絲杜諾（Sainte-Rose-du-Nord）附近的拉庫德斯楓糖屋（Lacoudès Sugar Shack）。尋找希格斯玻色子的過程跟製作楓糖漿非常像。
資料來源：伊夫．拉加西（Yves Lagacé）。

是我們的背景。從其他樹木，特別是其他長得像楓樹但是汁液不那麼甜的樹種中所收集到的樹汁，只會使背景雜訊增加，稀釋了我們的訊號。楓樹汁需要一滴一滴的採集，就像我們隨著時間推移，從每一次質子在大強子對撞機的碰撞當中一筆一筆的累積事件。想要萃取一公升的楓糖漿，必須煮掉二十七公升的楓樹汁。同樣地，想要找到一顆希格斯玻色子，必須收集五十億筆事件。

誤差界限（error margin）

實驗測量必須考慮到誤差界限。訊號和背景事件的數量可能會波動，因為粒子物理學並不遵守固定的定律，而是遵守統計定律。容我舉個例子來說明：想像一個袋子裡面裝滿了彈珠，其中一半的彈珠是綠色的，另一半是藍色的。假設我讓你取出十顆彈珠，以估計袋子裡面綠色彈珠所占的百分比。在這十顆彈珠之中有多少顆會是綠色的？五顆？六顆？兩顆？這些數字都有可能出現，但取出五顆綠色彈珠的情況肯定比只取出兩顆更有可能發生。

另一方面，如果你並不只取十顆彈珠，而是隨機取出百分之一的彈珠，你會獲得多少百分比的綠色彈珠呢？任何介於45%至55%之間的值都很有可能，但也有可能稍微更多或更少。但是，如果你取出的彈珠有一千顆、一萬顆甚至更多顆，那麼綠色彈珠的比率將非常有可能接近50%。樣本數愈大（隨機取出的彈珠數量愈多），找到真正的答案的機會就愈大；在這個例子裡，真正的答案即為50%的彈珠是綠色的。但是當樣本非常小時，如果測到的值離50%很遠（例如20%或30%），其結果並不令人意外。

當我們為了提取訊號而篩選事件時，訊號和背景事件的數量都可能會有相當大的變動，特別是當所選擇的樣本很小的時候。就要考量統計變異（statistical variation），並被算入實驗誤差中，才好決定總誤差界限。誤差界限的大小會訂在讓我們有68％的機率於區間內得到正確答案，這就是一個標準差（standard deviation）的定義。正確答案會有95％的機率會落在兩個標準差之內。

當我們在尋找可能的訊號時，在減去背景以後，會將訊號強度與這些統計上的波動作比較。一個訊號如果比可能的統計波動（訊號波動和背景波動都加在一起）大至少五倍，就對應於粒子物理學使用的五個標準差（或5西格瑪〔sigma〕）的判別標準。背景波動比五個標準差還要大的機率只有三百五十萬分之一——這也就是研究人員可以開香檳慶祝的標準（圖4·7）。

最後一段路

當然，等待幾個月、累積更多的事件樣本、並冷靜地多花一點時間來分析所有的東西會是比

圖4.7 二〇一二年七月四日，在歐洲核子研究組織發表了希格斯玻色子的發現之後，恩格勒教授和希格斯教授正在進行熱烈的討論。兩人在這之前從未見過面。
資料來源：歐洲核子研究組織。

較容易的。但是，二〇一二年夏天，緊緻緲子螺管偵測器和超導環場探測器兩組團隊在希格斯玻色子的發現一事上競爭得非常激烈。該年最大的粒子物理學研討會將於七月四日展開，兩組研究人員都希望在研討會上發表他們最新的結果。此外，整個大強子對撞機計畫的信譽處於成敗關頭，世界各地的人們都期待知道希格斯玻色子是否真的會出現，還是它的預測只純粹是個幻想。大家的壓力處於高峰，超導環場探測器和緊緻緲子螺管偵測器實驗組的成員不管是在創新或是在效率上都下了很大的功夫，希望可以從當時可取得的數據中提取出最多的訊息。這些努力後來都得到了很大的回報，因為兩個實驗組都達到了五個標準差的標準。

發現希格斯玻色子

兩個團隊在學術研討會前一周內都還一直在收集數據，希望能最大化數據樣本的量。執行強制性的校準步驟以及對最新收集的數據做品質檢查都需要時間，儘管在不同時區都有團隊在工作，但是很多關鍵人物在這幾天都是晝夜不停地工作，因為沒有時間了。直到學術研討會的前幾天，使用模擬建立出的選擇準則才首次套用

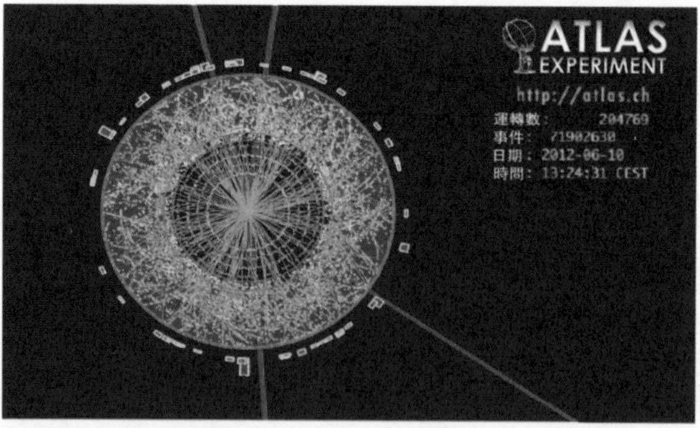

圖4.8 一個由超導環場探測器捕捉到的事件；這個事件具有希格斯玻色子衰變成兩個Z玻色子、兩個Z玻色子再各自生出兩個緲子的特徵。四條紅線代表緲子路徑。
資料來源：超導環場探測器。

到實際數據上面，最終總算顯示出有多少事件通過了選擇準則（圖4．8）。這張圖是超導環場探測器實驗組在七月四日發表的，緊緻緲子螺管偵測器實驗組的結果也同樣令人讚嘆。

在圖4．9中，縱軸為收集到的事件數量，而橫軸則顯示了滿足選擇準則的所有事件中、測得的四輕子（緲子或電子）的合併質量，以GeV為單位。紅色部分對應於源自主要背景的事件（來自於直接產生的兩個Z玻色子），這是由模擬所建立的；紫色部分代表來自其他來源的背景；黑點則是超導環場探測器的實際數據中找到的事件數；與每個點相關聯的垂直條則代表可能的統計波動和實驗誤差的大小；蓋在上面的陰影區域則對應於可能的背景波動。

在考慮到所有可能的統計波動後，如果黑點所代表的實驗數據與背景的分布一致，我們將得到希格斯玻色子不存在的結論。對所有的質量值而言，背景大致上跟「實驗」看到的相符：黑點除了在大約

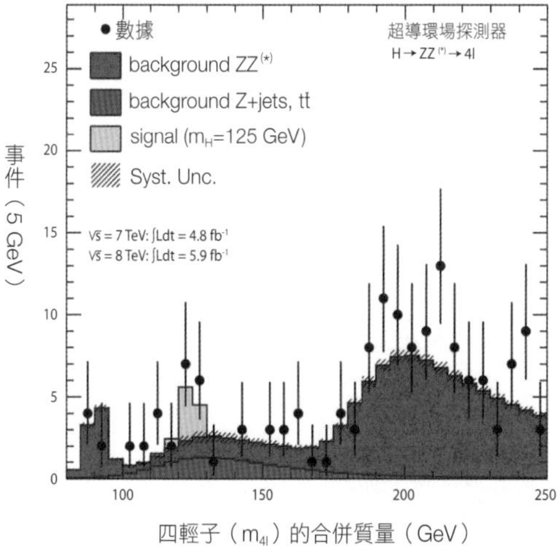

圖4.9 二〇一二年七月四日，超導環場探測器實驗組所發表的其中一張用來證明發現一種新型玻色子的圖表。縱軸為發現到的事件數，所有這些事件都滿足專為篩選出「希格斯玻色子經由兩個Z玻色子衰變為四個輕子（緲子或電子）的事件」的選擇準則；橫軸為該四輕子的合併質量；模擬得出的背景以紅色和紫色來表示，這對應於其他跟訊號具有相同的特徵、但其實是來自別的來源的事件；超出背景的部分（淡藍色）則對應於希格斯玻色子質量為125 GeV時的理論預測；黑點對應於實際數據。我們必須將這些黑點的分布與背景的模擬預測（紅色顯示）相比，以確定源於背景之外的顯著超出是否存在。在這張圖中，超出只發生在大約125 GeV處。
資料來源：超導環場探測器。

125 GeV的位置外或多或少和紅色區域重複，在125 GeV這個範圍內我們可以清楚的看到超出背景的事件的存在，這些事件無法用該範圍的背景統計波動來解釋。另一方面，這個超出，和希格斯玻色子帶有125 GeV質量的狀況下做模擬所給出的預測，在訊號事件數量完全吻合，如淺藍色所示。

看起來非常有希望「是希格斯玻色子」，但是在宣告勝利之前，必須確認我們在其他衰變道中也有找到訊號。最具說服力的是希格斯玻色子衰變成雙光子的衰變道。圖4．10即為針對雙光子衰變道的分析所篩選出的事件，該圖顯示了雙光子合併質量的分布圖，黑點跟上一張圖一樣表示實驗數據，虛線表示源於背景的預估事件數。該曲線包含了具有兩個獨立產生之光子的所有事件。

介於120和130 GeV這個範圍以內、以虛線所顯示的背景數量是用該區段以外觀察到的背景雜訊水平（實線紅色曲線）外推求得的。這個方法完全仰賴實驗數據，而不涉及模擬，該方法限制了誤差

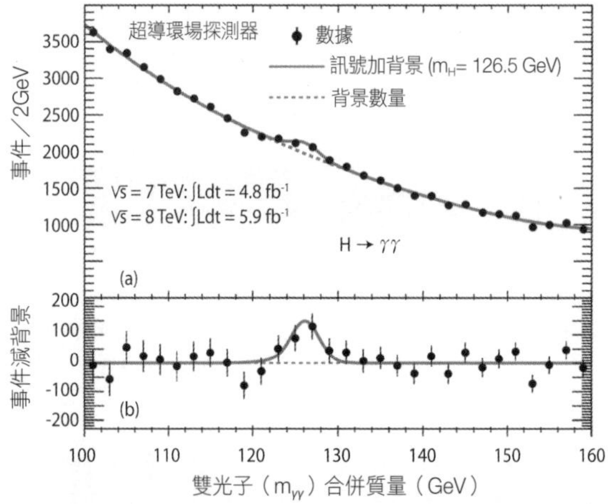

圖4.10 二〇一二年七月四日，超導環場探測器為證明發現希格斯玻色子所發表的第二張圖。在這張圖中，事件必須滿足希格斯玻色子衰變成兩個光子的選擇準則。縱軸為找到的事件數量，作為雙光子合併質量（譯註：橫軸）的函數。背景（上半部的圖中，在120和130 GeV範圍以外的實線）對應於所有隨機產生之光子對的事件。下圖顯示了在減去背景後，可歸因於新型玻色子的額外事件。
資料來源：超導環場探測器。

界限。如果我們從數據中減去預估的背景事件數量，我們將得到下半部這張圖所給出的小量超出。再一次地，我們得到比可歸因於背景還要多的事件。如果這種超出不是來自於背景，那麼必定有其他來源，也就是我們非常期待的訊號：希格斯玻色子衰變成雙光子。

二〇一二年七月四日，兩個衰變道都清楚顯示了高於背景可能變異程度的顯著超出，且這兩個超出很重要地都出現在相同的質量值。此外，緊緻緲子螺管偵測器和超導環場探測器實驗組都作出了一模一樣的觀察結果，無疑地確認了一個具有希格斯玻色子所有特徵之新粒子的存在。

歐洲核子研究組織盛大公布這一發現，並同步實況轉播給在墨爾本參加大型粒子物理學術研討會開幕的九百名物理學家們。在那之後，緊緻緲子螺管偵測器和超導環場探測器實驗組又再花了八個月的時間測量了幾個該新粒子的性質，才有足夠的數據可以毫無疑問地確定這個新粒子的身份。我們必須確定這個粒子不只看起來像希格斯玻色子，它還要唱歌、跳舞、走路的方式都像一顆希格斯玻色子。

這個步驟現在已經完成了。藉著測量它的自旋（角動量），我們能夠確認其自旋值為零，如理論所預測。希格斯玻色子是唯一自旋為零的基本粒子，與所有其他（費米子和玻色子）基本粒子不同，它因此在空間中沒有優先方向（privileged direction）。也因為這個原因，希格斯玻色子因此叫做純量玻色子（scalar boson），以強調其自旋值為零。

但是希格斯玻色子有好幾個可能的版本。到底這是不是由標準模型預測的希格斯玻色子，也就是一九六四年布勞特、恩格勒、希格斯，以及不久之後由基博爾、古拉尼、哈庚所猜想的那樣，還有待觀察。它也可能是由另一個稱為超對稱（supersymmetry）的理論所預測的五種希格斯玻色子當中最輕的一種，這部分我將在第六章中詳細說明。所以這個故事的結局還沒寫完，還會需要時間和更多的數據——這些數據已經在大強子對撞機二〇一五年春季重新啟動之後開始收集，我們未來會把它搞清楚。

諾貝爾獎

二〇一三年三月，新粒子是一種希格斯玻色子的這一證明似乎使諾貝爾委員會相信一九六四年布勞特、恩格勒和希格斯的預測是對的。布勞特已過世，其餘兩人則於二〇一三年十月八日獲頒諾貝爾物理學獎（圖 4．11）。這個獎項從不死後追授，且最多僅可以由三個人或機構共享（從未有任何機構獲得諾貝爾獎，除了和平獎以外）。

可惜委員會沒有選擇將諾貝爾獎聯合

圖 4.11 歐洲核子研究組織的主任羅爾夫．霍伊爾（Rolf Heuer）於二〇一三年十月八日向前來聽取諾貝爾物理學獎公布的一群物理學家發表演說，這群物理學家是緊緻緲子螺管偵測器和超導環場探測器實驗組的成員。
資料來源：歐洲核子研究組織。

頒發給這兩位理論物理學家和歐洲核子研究組織；因為未經實驗的證實，一個理論並會不比那張寫上理論的紙更有價值。然而，參與此發現的數千人的努力仍得到了諾貝爾獎委員會明確地承認，該授獎原因說的便是「最近剛被歐洲核子研究組織大強子對撞機的超導環場探測器和緊緻緲子螺管偵測器的實驗證實、發現了預測的基本粒子」。

當時若頒發一部分的獎項給歐洲核子研究組織，將會是強調當今粒子物理學以及其他許多學科需要大型跨國團隊共同努力的一個好方法。正如我們將在第八章中看到的那樣，沒有一個人、甚至沒有一個國家有能力獨自推動這一領域的研究。然而整個實驗室當天都還是很雀躍，因為每一個人都知道我們的貢獻是不可或缺的。

永生難忘的一刻

在歐洲核子研究組織的這場發現新型玻色子發表會上，緊緻緲子螺管偵測器和超導環場探測器實驗組將一直留在當時所有與會粒子物理學家的記憶當中，每個人都會記得那天他或她在哪裡。這是在二〇一二年七月四日上午九點舉行的，地點在歐洲核子研究組織一個擠滿了人的會議廳裡（圖4·12）。該發表會雖然也在歐洲核子研究組織其他幾個會議廳（也一樣擁擠）以及網路上實況轉播，有些人還是徹夜排隊等待，希望能搶到現場的位子。

發表會的日期跟澳洲墨爾本該年度最大的粒子物理學術研討會開幕日是刻意選在同一天，當時我人就在墨爾本。但是沒有人在發表會之前就事先知道這兩個實驗組將會公布甚麼樣的結果，就連歐洲核子研究組織主任也一樣。舉例來說，在會議開始前不到三天，超導環場探測器最後的實驗結果才發送給實驗組成員，直接參與這些分析的物理學家們分散在幾大洲，便利用不同時區的優勢晝夜工作，只求及時在會議開始前確定最後的實驗結果。可以肯定的是，絕大多數的人這幾天幾乎都沒睡。自二〇一一年十二月以來，整個圈子都在期待有趣的結果揭曉。當時在緊緻緲子螺管偵測器—超導環場探測器的一個聯合專題討論會中，已經可以從兩組的實驗數據中看出一些端倪。

七月二日星期一，在我一抵達墨爾本後不久，我進麥當勞餐廳要使用他們的網路。這是我第一次看到最新的超導環場探測器的實驗結果，這些結果透露我們發現了新型玻色子。這非常令人興奮，但我同時也覺得非常受挫，因為身邊沒有人可以跟我分享喜悅。無論如何，我們都不能在學術研討會前透露這些結果。在公布之前，整個實驗組必須要有機會可以研究和評論這些結

圖4.12 二〇一二年七月四日，歐洲核子研究組織的主會議廳，時間是發表新型玻色子的不久前。會議廳門口的排隊隊伍蔓延了幾百英尺（超過一百公尺），穿過主建築和自助餐廳，一直延續到戶外。有些人甚至為了確定有座位，前一晚就已等在會議室門口。
資料來源：歐洲核子研究組織。

果。在無法取得緊緻緲子螺管偵測器實驗結果的情況下，我瘋狂地問自己同一個問題，我我相信這兩個實驗組的每個成員也一直在問自己這個問題：另一個團隊是不是也看到相同的效應？

這是一個合理的問題，因為這兩個團體完全獨立運作，而且工作完全保密。當然過程有過一些謠言，但是到頭來，只有極少數的訊息外洩，以免破壞了正式公布時的驚喜。

我坐定在墨爾本會議廳的前排，在這個會議廳裡，歐洲核子研究組織的專題討論會將現場直播給九百位學術研討會的與會者。我的角色包括了代表歐洲核子研究組織在量子日記（Quantum Diaries）網站上以法文和英文發表即時的評論。[2]坐在我右邊，恰好在圖4．13的視線範圍之外，

圖4.13 墨爾本觀看二〇一二年七月四日歐洲核子研究組織專題討論會現場直播的部分觀眾，在這場專題討論會中，歐洲核子研究組織發表了新型玻色子的發現，我當時坐在前排。
資料來源：蘿拉．范內格斯（Laura Vanags），ARC CoEPP。

2 只是為了歷史紀錄，這裡是我在專題討論會上現場直播所寫的部落格文章，內含打字錯誤！http://www.quantumdiaries.org/2012/07/04/live-blog-on-cern-higgs-seminar-from-melbourne/

一位大報記者正掙扎著跟上進度。我以兩種語言在部落格上寫下「一方面」，同時聆聽演講，還要幫助這位記者了解演講的內容。我當時處在全身充滿腎上腺素的亢奮狀態。

氣氛非常熱烈，這跟典型的學術會議、通常緩和節制的氣氛形成了鮮明的對比。八點五十六分，恩格勒和希格斯，兩位率先提出希格斯玻色子存在的理論物理學家走進了歐洲核子研究組織的會議廳，在日內瓦以及其他所有的會議廳中都觸發了如雷的掌聲，我們這間會議廳也是如此，就好像他們兩位也聽得到我們的掌聲一樣。這是兩人第一次見面。在日內瓦時間早上九點整，墨爾本時間下午五點，每個會議廳都一片沉默。緊緻緲子螺管偵測器實驗組的發言人喬·英坎德拉（Joe Incandela）發表了緊緻緲子螺管偵測器的結果（圖4.14）。九點四十分時，事情變得很清楚，緊緻緲子螺管偵測器具有無可辯駁的證據證明他們發現了一種新型玻色子。直到那一刻，所有

圖4.14 二〇一二年七月四日，緊緻緲子螺管偵測器實驗組發言人英坎德拉站在一個擠滿了人的會議廳前發表緊緻緲子螺管偵測器的結果，在這個專題討論會上，歐洲核子研究組織宣佈了希格斯玻色子的發現。這場會議也在歐洲核子研究組織以及澳洲墨爾本其他幾個同樣擠滿了人的會議廳裡同步現場轉播，當時在墨爾本有九百名物理學家正在參與一場重要的學術研討會。
資料來源：歐洲核子研究組織。

會議廳中一直屏住呼吸的觀眾都爆出了掌聲。

接著在十點，輪到超導環場探測器發言人法比歐拉．吉歐諾提（Fabiola Gianotti）發表他們實驗組的結果。跟英坎德拉一樣，她陳述了所有為支持所選用之方法所作的仔細檢查，然後最後在十點四十分結果揭曉：另一個清楚且明確的訊號。來自各地的叫喊聲和掌聲瞬間爆發開來。吉歐諾提直到那刻之前都很緊繃且專注，最後終於放鬆了，開始跟觀眾一起大笑。希格斯兩眼充滿淚水，而恩格勒則是非常雀躍，他們發表了第一個感想，長而溫暖的掌聲伴隨而來（圖4．15）。

每個人都很興高采烈，甚至是在墨爾本，雖然有些遙遠，但是袋鼠們都在高興地跳來跳去。接下來的招待會十分熱烈，每一個人離開時都覺得很滿足。我趕回飯店，開始擬另一個部落格的稿，為實驗結果做個總結，那時就是電話聲開始響的時候。來自加拿大的幾個媒體想了解細節。跟許多同事一

圖4.15 二〇一二年七月在公布了希格斯玻色子的發現後，記者會上的氣氛歡樂且熱烈。來自世界各地的記者聚集在希格斯和恩格勒身旁想要採訪他們。幾分鐘前，物理學家吳秀蘭（Sau-Lan Wu）才剛叫住希格斯，笑著跟他說：「我找你找了二十多年！」他的回應是：「嗯，現在你找到我了。」（譯註：此處為雙關，意指找到希格斯本人，同時也指找到希格斯玻色子。）

資料來源：歐洲核子研究組織。

樣，我在接下來的幾天裡接受了很多場訪談，由於時差的關係，訪談的時間都在一大早和深夜。「你終於從搜尋者晉級成為發現者了！」我的一個好朋友下了如此的結論。

重點提要

尋找希格斯玻色子就像尋找來自未知頻率廣播電台的一個訊號。如果靜態背景雜訊愈多，就愈難找到這個訊號。希格斯玻色子的特徵並不是只有它獨有，因此其他與希格斯玻色子無關的粒子也可以有和它相仿的衰變特徵。粒子的衰變與大硬幣的兌換相似，但是，四個50分硬幣有可能是來自一個兩歐元硬幣（在此類比為訊號）的兌換，也有可能是來自兩個一歐元硬幣（類比為背景）的兌換；只有先進的統計方法才能讓我們從背景中區別出訊號。物理學家利用模擬製作虛構的事件，來幫助我們從背景中辨認分析出訊號，並建立選擇準則。這些模擬不僅可以使我們徹底了解偵測器並對其進行校準，而且也可以估計當我們將選擇準則套用到數據上時，有多少事件會是來自於背景。如果我們發現到有比我們所預測的所有其他已知物理過程多更多的事件，那麼我們很有可能就發現了一種新的粒子。

如此之外，如果像這樣的額外事件發生在幾個不同的衰變道當中，而且兩個完全獨立和完全保密的個別實驗都觀察到同樣的現象，那麼這個證據就變得很有說服力。就好像幾個各自獨立的團隊在沒有彼此詢問而且也使用不同工具的狀況下，都對這個神祕的廣播電台確定出相同的頻率。這就是二〇一二年七月四日所發布的研究結果，超導環場探測器和緊緻緲子螺管偵測器實驗組得到了完全相同的結果。我們知道我們已經發現了一個新的粒子，這個粒子看起來就像希格斯玻色子。

第五章　宇宙的黑暗面：暗物質和星系起源的祕密

因著希格斯玻色子的發現，有些人可能會以為，我們對於周遭的物質世界終於有了一個完整的了解，也可能會以為所有粒子物理學的謎團已經解開。但是，事實並非如此，其實恰恰相反。目前的理論模型，也就是第一章中所描述的標準模型，實際上只解釋了宇宙整體的5%。你們之中有些人可能已經聽說過暗物質（dark matter）（圖5・1），一種看不見但卻占宇宙內容27%的神祕物質。可見物質（你、我以及我們在地球上或者從恆星和星系中看到的一切）只占宇宙總內容的5%。我們怎麼知道這個暗物質真的存在呢？以下我將描述其存在的證據。

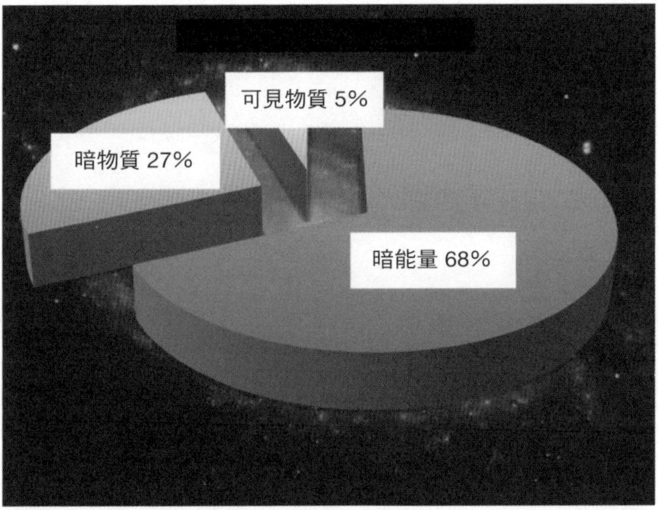

圖5.1 宇宙中幾乎全部的內容都是由未知的元素組成的：一種完全不同於我們所知、稱之為「暗物質」的物質，以及一種叫做「暗能量」的神祕能量。

資料來源：賓琳・甘儂。

在開始談論暗物質之前，我必須稍微解釋一下暗能量，因為它占了宇宙內容物的68%。但由於目前為止我們對它所知甚少，這部分因此會很簡短。一九九八年兩個各自獨立的研究小組，其中一個由索爾・珀爾默特（Saul Perlmutter），另一個由亞當・里斯（Adam Riess）和布萊恩・施密特（Brian Schmidt）領導的團隊測量了星系相互遠離的速度。兩個團隊都觀測到宇宙不只在膨脹，而且是加速膨脹。這一發現為他們帶來二〇一一年的諾貝爾物理學獎。就像你們都知道的，無論是在自行車上還是在汽車裡面，想要加速都需要能量，那麼這個能讓宇宙加速膨脹的驚人能量來自哪裡呢？沒有人知道。此外，我們對這種能量的性質完全未知，它被稱作暗能量（dark energy），以比擬與暗物質的相似之處。我們稍後將看到，歐洲太空總署（European Space Agency）的普朗克（Planck）衛星實驗的科學家們已測定出暗能量相當於宇宙內含的68%。

暗物質：看不見但無所不在

一九三三年，瑞士天文學家弗里茨・瑞基（Fritz Zwicky）是第一個發現暗物質存在的人。他想利用兩種不同的方法測量星系團（galactic cluster，一種由重力束縛在一起、含有超過一百個星系的群體）的質量。他先利用星系團內星系的繞行速度來估算其質量。就像孩子們玩旋轉木馬一樣，想不被摔出去，旋轉星系團裡的星系便需要一個力量來把它們維繫在一起（圖5・2）。在星系團中，該力是由重力提供，而這個重力是由星系團裡的物質所提供。想要持續地把所有東西都維繫在一起，必須有夠多的物質來產生必要的重力，否則星系會散開。

瑞基接著用第二種方法來驗證他的計算。這一次他利用星系團中星系所發出的光的總量來估算整個星系團的質量。星系所發出的光的量取決於該星系所含之物，因此這個方法可以粗略地估計星系團中所含的物質的量。他注意到這兩個方法算出的結果一點也不相等，可見物質的數量遠遠不足，以至於不可能產生出能夠維持星系團之凝聚力所需的重力。他從這個觀測中推論，一種新的未知類型的物質一定產生了重力場，它不會發光，因此命名為暗物質（來自德文dunkle Materie）。

旋轉星系（rotational galaxy）

可惜瑞基的計算並不精確。直到一九七〇年代，美國天文學家薇拉・魯賓（Vera Rubin）量測了一個螺旋星系內恆星的繞行速度，才用足夠的精確度說服了科學界。螺旋星系是一種高速旋轉的星系。魯賓觀察到，這些星系中的恆星無論它們距離星系的中心有多遠，或多或少都以相同的速度移

圖5.2 想避免旋轉中的螺旋星系裡的恆星散開來，必須要有一個力量讓它們保持在自己的位置上，就像旋轉中的小孩必須抓住旋轉木馬，才不會被摔出去。

資料來源：尼爾斯・布雷梅（Nils Brehmer），寶琳・甘儂。

動。

但是這和克卜勒定律（Kepler's law）所描述的恆星繞著星系中心的公轉相矛盾。根據克卜勒定律，恆星離星系中心愈遠，它應該移動得愈慢，這可由圖5・3的A曲線描述。該圖顯示了恆星的繞行速度和該恆星與星系中心的距離之間的關係。魯賓注意到，螺旋星系中的恆星反而遵循的是B曲線，最遙遠的恆星就好像繞著擁有十倍觀測質量的星系運行。只有在以下的狀況下這種現象才有可能發生：大量的不可見物質充滿了整個星系，甚至延伸到超過最遙遠的可見物體。她因此是第一個以比較定量的方式證明暗物質存在的人，從那以後，證據愈來愈多，我們將在本章中看到這些證據。

重力透鏡（Gravitational lenses）

宇宙因此包含極大量的未知物質，稱為暗物質。我們可以使用比估算螺旋星系中的恆星繞行速度

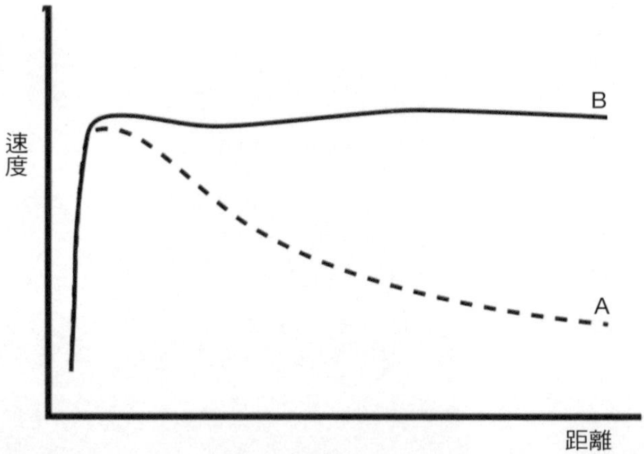

圖5.3 一個恆星如果距離星系的中心愈遠，依照克卜勒定律它會移動得愈慢，如A曲線所示。然而，螺旋星系的恆星卻是遵循B曲線移動，這些恆星的速度跟它們距星系中心的距離無關，因而透露出大量不可見物質的存在。
資料來源：維基百科。

更明確具體的方法來檢測暗物質的存在嗎？可以的，重力透鏡就是暗物質偵測中最突出的技術之一。重力透鏡作用的原理是大量的物質（無論是可見物質或暗物質）會產生強的重力場，這些場使它們周圍的空間變形，使光的軌跡改變。（有關場的概念的說明，請參閱第二章「布勞特－恩格勒－希格斯場」一節。）

想像一下，兩個人抓住一個床單的四角使其撐開，另一人在上面扔一顆乒乓球，這顆球會沿著床單表面直線前進。但是假設有人在床單中間放了一個重物，例如一顆撞球，這時乒乓球會沿著床單變形的表面前進，描繪出曲線。

光的行為就像乒乓球，它必須沿著它所傳播之空間的曲率行進。不含任何物質、空無一物的空間跟拉緊的床單類似，在這個狀況下，光會直線移動。但是重的物體，例如恆星、星系和一大團的暗物質都會產生強重力場，它們周圍的空間是變形的，所以光會沿著這個變形空間的曲率行進。這就是當光經過太陽附近時會發生的事：光會稍微偏移。一個人如果觀察

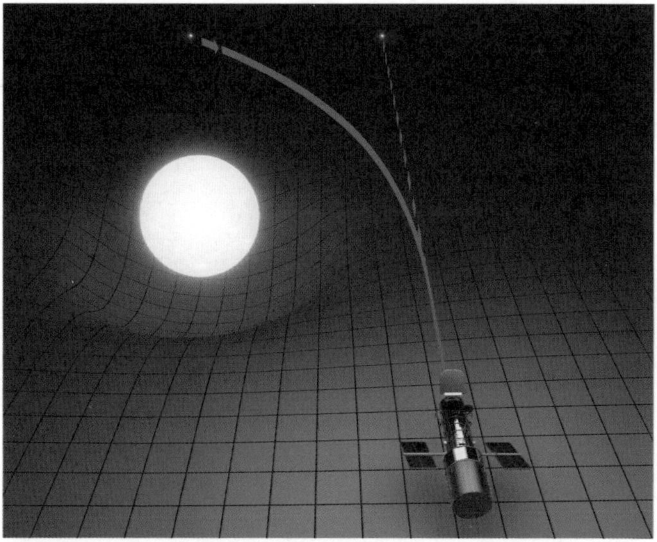

圖5.4 光沿著因大質量天體之存在而變形之空間的曲率行進。
資料來源：大衛．賈維斯（David Jarvis）

太陽後方的恆星所發出的光，他會有一種印象，會感覺這個光是從另一個略微偏移的位置發出的，如圖5·4所示。

積聚成一團的暗物質會像透鏡一樣。在圖5·5的圖示中，配備望遠鏡的兩人正在觀測位於一團暗物質後方的星系，而這團暗物質就是我們的「透鏡」。部分來自該星系的光會在通過這團暗物質附近時彎折，如圖所示。對於使用望遠鏡觀測的人來說，因為我們會沿著光線入射眼睛的方向外推星系的位置，所以星系看起來好像位移了，好像它位處於別的位置（位在圖像上面和下面的位置），觀測者因此會看到不只一個影像，而是會有好幾個影像。圖5·5顯示了二維空間中的情況。圖5·6說明了垂直於前述圖5·5平面的平面上會發生的情況。在三維空間裡，光不僅如圖5·5所示往上和往下偏移，而是會在所有的方向上偏移。

光接著會形成如圖5·6所示的環和如圖5·7所示哈伯天文望遠鏡（Hubble

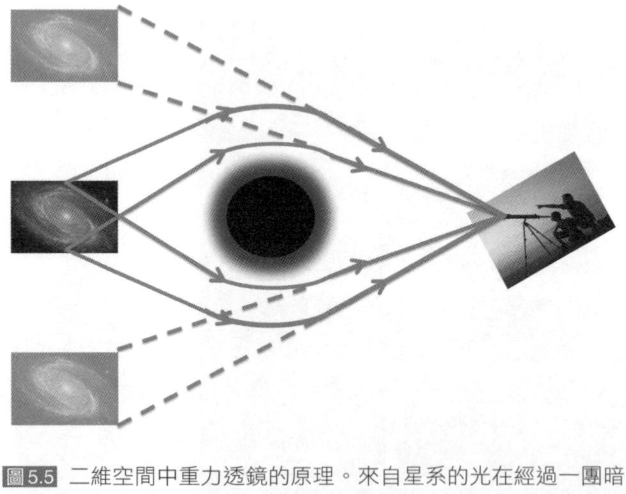

圖5.5 二維空間中重力透鏡的原理。來自星系的光在經過一團暗物質附近後，發生了偏移。對於一個位處於該暗物質另一側的觀測者來說，光線似乎來自偏移後的位置，從相對於真實位置的上方和下方發出。

資料來源：竇琳·甘儂。

Telescope）所拍攝到的照片。當星系和望遠鏡不是位於完美的一直線上時，只會出現一個小弧，否則的話將會看到一個完整的圓圈。這樣的圖像顯示了觀測者和觀測到的星系之間存在著相當大量的物質。重力透鏡這個技術強大到足以測定宇宙中暗物質的分布，因此成為另一種檢測暗物質存在的方法。

兩個星系團的碰撞

正如我們馬上會討論到的，暗物質主要是在星系附近被發現。星系是恆星的聚集（我們的星系叫作銀河系〔Milky Way〕），而超過一百個星系的群體則稱為星系團。有時候兩個反方向前進的星系團會發生碰撞。

想更加了解事情的來龍去脈，試著想像一個星系團是一隊的美式足球運動員，每一個球員代表一個星系，而這個球隊形成一團像一群蜜蜂一樣具有凝結力的星系團。想像一下，我們的足球隊不僅有正常的球員，還有鬼魂（圖5．8）。正常的球員象徵著銀河系中的可見物質，而鬼則代表暗物質。

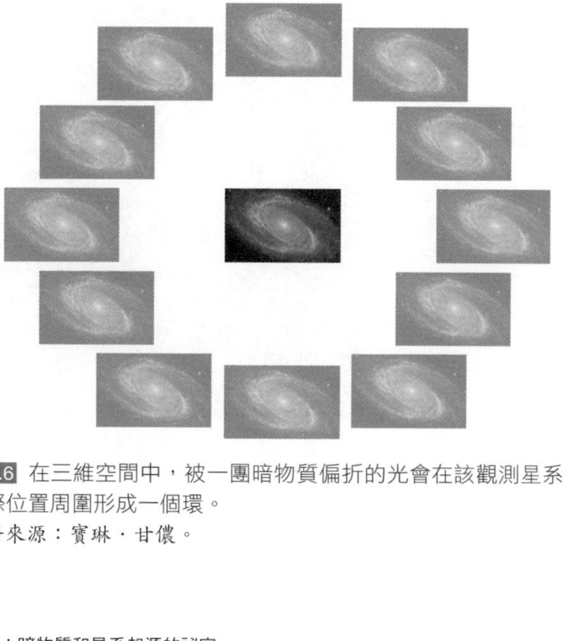

圖5.6 在三維空間中，被一團暗物質偏折的光會在該觀測星系的實際位置周圍形成一個環。
資料來源：賓琳．甘儂。

我們現在可以模擬當兩隊發生碰撞時，正常球員會彼此撞在一起，速度上相當程度地慢了下來。最終，兩隊人馬會從擠成一團的狀態中開出一條路各自前進，在這過程中產生的摩擦會使他們的身體暖和起來。但就像大家都知道的，鬼魂可以穿過擠壓的人群，而不會減慢速度。最後，因為正常球員速度慢了下來，每支隊伍的鬼魂都會發現自己跑在一團擠壓前面，輕易地超越他們的正常隊友。碰撞因此產生了一個效應，將這兩種類型的球員分開，鬼魂變成跑在前頭。

圖5.7 就跟哈伯望遠鏡所觀測到的這張圖類似，位於星系和望遠鏡之間的暗物質可以藉由在星系影像周圍形成一個環透露出它的存在（中間發光物體為星系，非暗物質）。
資料來源：美國太空總署（NASA）。

哈伯望遠鏡已經拍到了一個這類碰撞的影像，該影像以子彈星系團（Bullet Cluster）的名稱為人所知。從圖5.9中看出，這是兩個星系團之間發生碰撞之後所拍攝的，左側的粉紅色區域代表向左移動的星系團中的可見物質，也就是說這個星系團是從右側進入；右側的粉紅色區域則顯示了另一個星系團，由左向右移動。在摩擦力的影響下，所有的物質在碰撞過程中溫度升高，產生出大量的X射線，以粉紅色顯示。紫色的區域代表暗物質，它們是由重力透鏡偵測到的，因此是事後才加上紫色，而粉紅色的區域則對應於發出X射線的普通物質。暗物質（紫色）和可見物質（粉紅色）之間的位移在這兩個星系團中都清晰可見。您可以在以下的連結觀看此碰撞的動畫：https://www.youtube.com/watch?v=eC5LwjsgI4I。

圖5.8 兩個星系團的碰撞，它會類似兩隻足球隊朝著對方衝過去，每一隊都有正常球員和鬼球員。
暗物質就像鬼魂一樣，可以穿過普通的物質（在這裡由普通的足球員代表），而不會慢下來。類似的情況發生在兩個星系團的碰撞。正常的可見的物質速度會慢下來，但是暗物質卻可以穿過另一個星系團繼續前進而不與之交互作用。一開始暗物質和可見物質在星系團中重疊。但碰撞後，兩者分離，我們會發現暗物質跑在前頭。
資料來源：皮耶・波諾馮（Pierre Bonanfant），賓琳・甘儂。

圖5.9 哈伯望遠鏡拍攝到的兩個星系團之間的碰撞。紫色區域顯示了暗物質所在的位置，這是重力透鏡偵測到的（因此是後來才上色），而粉紅色光則來自正常物質由於摩擦過熱而發出的X射線。
資料來源：美國太空總署。

宇宙的初始

大霹靂標誌著宇宙的誕生。在那之後一瞬間，宇宙非常的熱，溫度達到10^{27}度左右（在這個溫度下，已經不需要說明我們講的是攝氏溫度、華氏溫度還是絕對溫度了！），熱到只有輻射存在。在第一瞬間超快速的暴脹之後，宇宙持續膨脹但步調上要慢得多。宇宙所包含的所有能量散布在不斷增加的體積當中，宇宙因此慢慢冷卻下來。當我們將內胎中的空氣釋放出來時，發生的就是相同類型的冷卻；空間膨脹時氣體的溫度會冷卻下來，將自行車輪胎放氣時可以感覺到這一點：壓在閥門上，你會感覺到冷空氣穿過你的手指。以類似的方式，宇宙的溫度在大霹靂後的膨脹期間下降。

在充份的冷卻之後，宇宙所含之物以粒子的形式逐漸「物質化」，如圖5．10所示。起初夸克和膠子的能量太高，無法結合在一起，它們因此形成如第三章所述的夸克—膠子電漿。大霹靂後約10^{-10}秒，溫度已經下降到允許質子和中

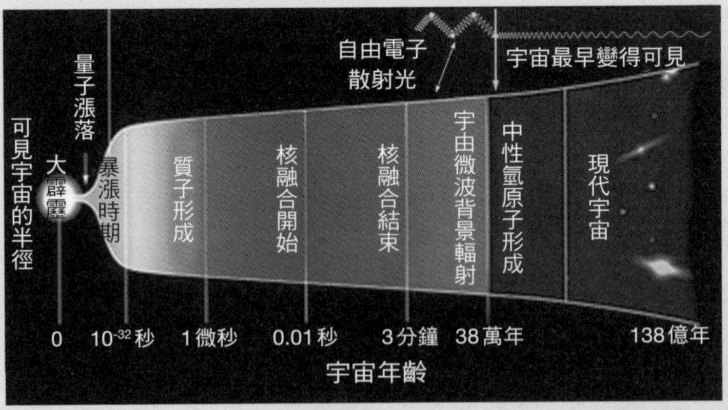

圖5.10 大霹靂之後物質形成的主要階段。
資料來源：宇宙泛星系偏振背景成像2（BICEP2）。

子形成，宇宙這時基本上仍然由輻射組成，物質粒子不斷出現並消失，會需要另外三十八萬年的時間原子才得以形成，然後還要再另外十億年才會出現諸如星系和星系團這類的大型結構。

當宇宙變得透明之時

在接下來的三個段落當中，我們將看到普朗克衛星實驗的天文物理學家們如何利用研究宇宙微波背景輻射來測定宇宙中暗物質的量。在開始討論暗物質之前，我們必須先談談宇宙的起源，也就是大霹靂，這是一個發生在一百三十八億年前超大的爆炸，時間大概是在星期四上午七點十五分左右吧！（參見「宇宙的初始」一欄）

大霹靂過程中釋放出的能量一開始是以輻射的形式出現。一旦宇宙在其膨脹的影響下充分冷卻後，粒子便開始出現。一直到三十八萬年後，這時溫度下降到華氏一萬一千度（攝氏六千度）附近時，原子才開始形成，高於這個溫度原子會分裂。這是一個關鍵時刻：宇宙從含有帶電粒子的高能的湯過渡到由中性原子構成的空間，終於，諸如光之類的電磁波得以自由流動。因此宇宙變得透明，光能夠自由傳播。幾乎當時所有宇宙中的光到今天都還存在於宇宙中，因為在過去一百三十八億年的時間當中，這些光幾乎沒有機會碰到任何東西。

這怎麼可能呢？我們必須了解，從當時至今，宇宙仍是一個巨大的、基本上空無一物的空間。當然，在地球或任何一顆恆星中密度會高得多，但是恆星間和星系之間的距離如此之大，宇宙的平均密度只相當於每7立方英尺只有一個質子，或每立方公尺五個質子。與之相比，35立方英尺（1立方公尺）的水就含有6×10^{29}個質子和中子（這兩種粒子具有或多或少相同的質量）。如果今天我們把宇宙壓扁成一個密度跟水一樣的圓盤（圖5．11），那麼它會縮小到變成一個超大的薄餅，直徑為九百億光年（目前的可觀測宇宙大小），但卻只有3/64英寸（1毫米）的厚度。因此，幾乎所有大霹靂後出現的光直到三十八萬年後的今天仍然漫遊於宇宙中而沒有碰到任何東西，這一點也不奇怪。

宇宙微波背景輻射（cosmic microwave background）

這種叫作宇宙微波背景輻射的古老化石輻射，可以追溯到宇宙只有三十八萬歲的年代。如果宇宙今天是一個一百歲的人，比例上三十八萬歲對應於這個人的年紀只有一天。宇宙寶寶！這種化石光已經漫遊了約一百三十八億年，每天從各個方向抵達我們所處的地方。

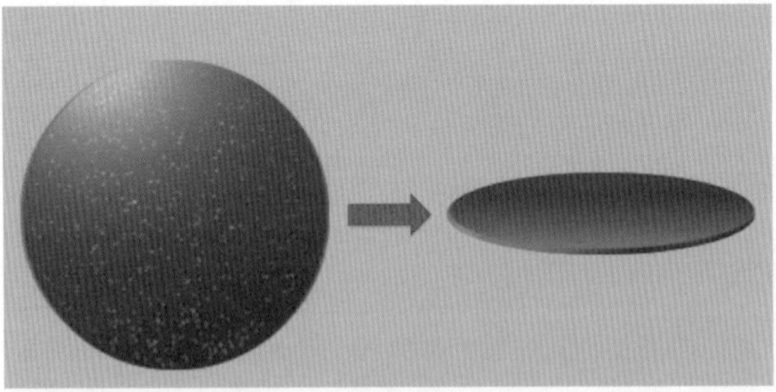

圖5.11 如果所有包含在宇宙中的可見物質全被壓縮在一個方向上，直到它達到跟水一樣的密度（每立方英尺六十二磅，或每立方公尺一千公斤），那麼宇宙將被縮減成一個直徑為九百億光年（目前的可觀宇宙直徑），但厚度只有3/64英寸（1毫米）的薄餅。（根據約翰．布朗〔John C. Brown〕的點子。）
資料來源：竇琳．甘儂。

對於像光這樣的電磁波來說，溫度和一個物體加熱時所發出的輻射之間存在著對應的關係。當宇宙的溫度為華氏一萬一千度（攝氏六千度）時發出的光對應的是可見光，正如同我們加熱一片金屬直到它發光一樣。在膨脹期間，宇宙的能量散布到更大的體積之中，宇宙因此冷卻了下來；就如同我們將一杯熱水倒入體積較大的冷水中一樣，熱水的水珠將它部分的能量傳給了整個液體，最終整個液體的溫度會達到比一開始的一杯熱水要低得多的溫度。

今天宇宙的溫度不超過華氏-454.8度（攝氏-270.425度），或是以絕對溫標為單位的話，阮氏溫度（Rankine）為4.9度，克氏溫度（kelvin）為2.725度，這個溫度就對應於微波輻射的範圍。宇宙初期的可見光仍然保存到現在，只是變成了微波的形式。

圖5・12所示的宇宙照片是用普朗克衛星拍攝到的數據建立出來的。這顆衛星掃描整個宇宙，在微波範圍內搜尋這種化石輻射。這是我們有的宇宙最老的照片，它告訴我們當宇宙還

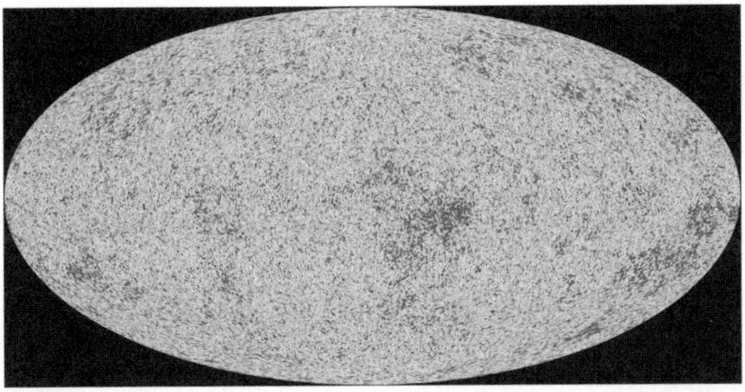

圖5.12 這是我們所擁有的宇宙最古老的照片，它告訴今天的我們，宇宙在大霹靂後三十八萬年看起來是什麼樣子。宇宙所含之物不再是均勻的分布，而是已經開始凝集，形成了作為星系「種子」的團塊。這張照片是從宇宙微波背景輻射中重建出來的，宇宙微波背景輻射就是今天從太空中各個方向抵達我們、波長在微波範圍內的輻射，這種輻射已經四處漫遊了大約一百三十八億年的時間，由於宇宙基本上是空的，所以沒有任何東西阻礙它的傳播。

資料來源：歐洲太空總署普朗克衛星實驗。

處於嬰兒階段時看起來是什麼樣子，也提供了關於宇宙誕生之後粒子們如何組合在一起的寶貴資訊。第一個注意到的驚人事實是，雖然變化相當的小，但宇宙已不再是均勻分布，而是充滿了一團團的團塊。不同的顏色顯示出了暖色點的存在，暖色點對應於在重力的影響之下物質已經開始凝集的地方。

宇宙的演化

稜鏡可以將光分解成它所包含的各種顏色，我們可以使用同樣的的方法來分析宇宙輻射。每一種顏色對應於一個特定的波長和非常精確的頻率。宇宙物理學家已經研究了各個頻率的輻射量，各種頻率對應的是溫度上的小變化，由圖5．12中天文圖上不同顏色的小點或團塊來表示。每個團塊的大小與其溫度就跟宇宙的演化有關。

圖5．13是根據圖5．12的圖中以每個團塊的溫度變化作為其尺寸（或角寬〔angular width〕）的函數所畫出來的圖，圓點則是實驗結

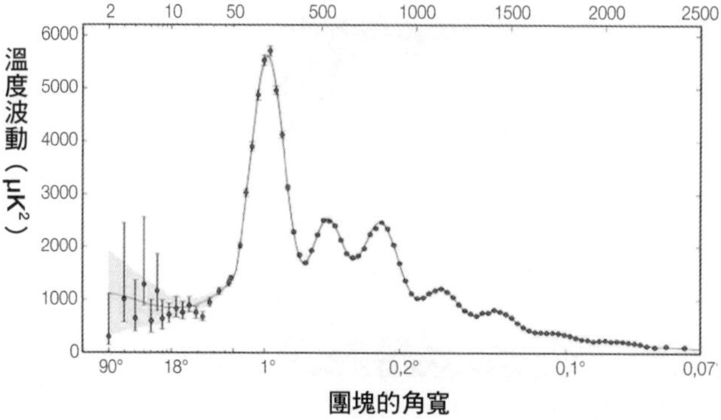

圖5.13 在圖5.12中，以不同顏色顯示的各團塊之溫度變化、作為該團塊大小（或角寬）的函數所畫出的圖；實線代表理論的宇宙學模型對於宇宙從一開始到現在如何演化的描述。模型裡有六個可調整的自由參數，可以調到與代表實驗數據的圓點相符。其中的兩個參數是宇宙中暗物質和暗能量的密度。藉由這個方法，普朗克衛星實驗的科學家們測定了宇宙中23％是暗物質、68％是暗能量。

資料來源：歐洲太空總署普朗克衛星實驗。

果，附在每個點上的小垂直條表示實驗誤差界限。這些數據被拿來跟宇宙學理論模型所作出的預測（由線顯示）作比較，這個宇宙學的理論模型描述了從大霹靂至今、宇宙中的物質是如何形成和演化。這個模型有六個可調的參數，其中兩個參數就是暗物質的密度和暗能量的密度。普朗克衛星實驗的科學家們藉著調整模型的參數到能夠符合他們的實驗觀察結果，來確定暗物質與暗能量的密度。這就是他們測定宇宙中23％的內容是暗物質、而68％是暗能量的方法。

暗物質和星系的種子

宇宙學（研究宇宙演化的科學）已經證實了暗物質的存在，所依靠的不僅是普朗克的實驗數據和理論預測之間令人印象深刻的一致性，而且也清楚解釋了暗物質在星系形成中所扮演的重要角色。絕大多數的宇宙物理學家現在都認為，無論是暗物質或可見物質，所有物質在大霹靂之後幾乎是均勻分布的，就像一團龐大的霧一樣。如前所述，在大霹靂之後宇宙迅速膨脹，使得宇宙冷卻到足夠低的溫度，所以粒子才能開始形成原子核。第一個電中性的原子在三十八萬年後出現，而星系的形成是在那之後一億到十億年之間。

宇宙如何從物質均勻分布的龐大雲霧，演化成諸如星系這樣的大型結構呢？原子是怎麼結合的，使我們從一個霧狀的宇宙轉變成一個含有團塊的宇宙呢？大概要歸咎於暗物質，因為暗物質很有可能比普通物質要來得重，所以應該會更早慢下來。微小的波動逐漸轉變成小塊的暗物質。這些小塊利用其重力吸引更多的暗物質而變得更大，小塊最終靠著雪球效應而長大。由於暗物質看起來通常只和重力有交互作用，與其他三種力的交互作用可能非常微弱或甚至完全沒有，這些微小積聚的暗物質更能抵抗宇宙初期的電磁輻射風暴。相比之下，普通物質在這樣一個惡劣的環境下需要更長的時間才能凝聚。

宇宙膨脹後，可見物質一旦冷卻下來，它也開始在早已形成的暗物質團塊周圍堆積，因此，暗物質播下了星系的種子。在歐洲核子研究組織工作的宇宙物理學家亞歷山大・阿爾比（Alexandre Arbey）說：「沒有暗物質，這一切還是可能會發生，但會花上遠比這長很多的時間。」

模擬宇宙的形成

宇宙物理學家使用模擬來測試這些假設。一個宇宙演化模型必須要能做到這一點：從我們有的這張宇宙誕生後三十八萬年的照片開始，演化一百三十八億年，看看最後是否能得到類似我們今天所觀察到的宇宙。這樣的模型確實存在，而且可以使用電腦模擬在加速模式下再現宇宙演化的歷程，當今強大的計算能力使得這樣的電腦模擬得以實現。有幾部影片展示了該過程：例如，紀錄短片「宇宙的形成：大計算」（Formation of the Universe: The Big Computation），這部影片與巴黎國家科學研究中心（National Center for Scientific Research，簡稱ＮＣＳＲ）尚－米歇・阿里米（Jean-Michel Alimi）教授之團隊的研究請參考（ http://videotheque.cnrs.fr/）；或是可參考這部由普朗克實驗所製作的影片：http://www.wired.com/2014/05/supercomputers-simulate-the-universe-in-unprecedented-detail/。這兩個影片都可以讓人快速地再次經歷宇宙一百三十八億年的演化，並在幾秒鐘之內觀看大型結構的形成。

圖5．14可以讓我們大略了解模擬所得的結果。該圖展示了利用數位模擬，我們可以複製出宇宙中所包含的結構。在背景圖片中，物質看起來幾乎是均勻分布的，但一旦我們放大影像，就會出現大的絲狀結構，正如第二張影像中清楚可見的。最亮的點對應於暗物質最集中的地方，因此成為星系形成的種子。放得最大的圖顯示了我們習於看到的星系的影像，例如來自哈伯望遠鏡的影像。理論模型如果不包括暗物質，就無法成功地重現這些大型結構，因此這又是另一個支持暗物質存在的論點。

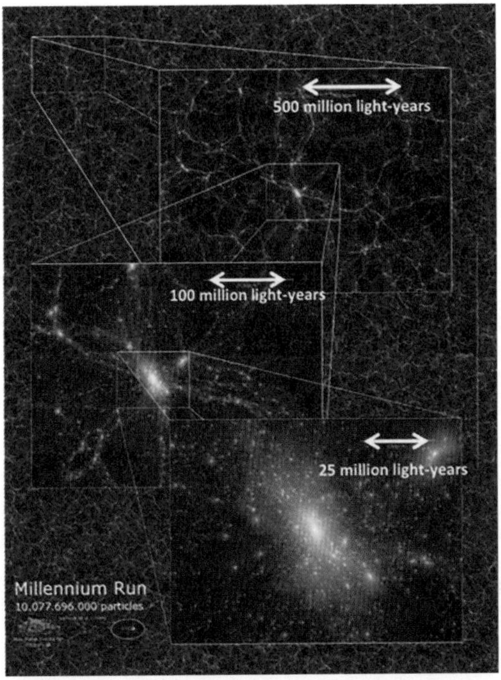

圖5.14 電腦模擬所得到的宇宙中物質的分布圖，該圖的起始點是宇宙最古老的影像，取得自宇宙微波背景輻射，它顯示了大霹靂後三十八萬年的物質分布。在模擬中，物質微粒在重力的影響下移動一百三十八億年（當然，是以加快的速度移動）。這四張照片在各個尺度上展示了模型預測的結構，它們應該要可以在今天的宇宙中觀察到，最後三張圖是放大圖。這些預測與目前的觀測結果一致，這證明了，當模型中包含了暗物質的存在時，我們所使用的理論演化模型確實與現實相符。

資料來源：佛爾克．斯普林格（Volker Springel）與處女座聯盟（Virgo Consortium）。

支持暗物質存在的證據

歸納起來，以下是支持暗物質存在的證據：

1. 恆星在螺旋星系中的旋轉速度顯示出這些星系包含了比可見之物還要多更多的物質。
2. 位於一大團暗物質後方的天體所發出的光會發生偏折，重力透鏡藉此透露出暗物質的存在。
3. 星系團碰撞（諸如哈伯望遠鏡所拍攝到的子彈星系）清楚地顯示出暗物質和普通物質行為上的不同。暗物質可以藉著重力透鏡顯示出來，可見物質則是藉由其發出的X射線。
4. 普朗克衛星實驗觀測到了團塊的分布，而暗物質是複製該分布所需的重要參數，如圖5·12和圖5·13所示。
5. 暗物質在星系的形成中起了催化劑的作用，如果只有可見物質存在，星系形成會花上多更多的時間。

剔除兩個假設

那麼暗物質真的存在，但它是什麼呢？沒有人知道。我常被問到，暗物質有沒有可能是由反物質或黑洞組成的？雖然說這兩個假設看起來有可能是對的，但事實並非如此，以下就是原因。

如同我們在第一章中討論的那樣，物質和反物質會成對出現，而且它們的行為或多或少是一樣的。即使沒有人知道，為什麼今天基本上，反物質從宇宙中消失了？但反物質的行為跟物質很像。舉例來說，正電子是對應於電子的反物質，就跟電子一樣，正電子具有電荷並且會對電磁力起交互作用，反緲子、反τ輕子和六個反夸克也都一樣。任何電荷加速時都會發光。因此，反物質會發光並與普通物質交互作用。身為可能的暗物質候選人，這些特徵使反物質完全被淘汰。

下一個假設：暗物質是否由黑洞組成？要了解黑洞是什麼，我們必須首先理解原子基本上是空的。想像一下原子放大到跟一個一百碼（或一百公尺）長的足球場一樣大（圖5．15）。位在足球場中心的原子核的大小將會跟一顆骰子一樣。電子會坐在足球場的邊緣。原子中大部分的體積因此只是空無一物的空間。

在某些條件下，龐大的恆星有時會因自身重力的作用而塌陷，開始縮小，然後它們的原子會被壓縮到極限，電子被擠壓到原子核上，這就導致黑洞的產生。一個像太陽這般大小的恆星——即直徑為九十萬英里（一百四十萬公里）的恆星會縮減成直徑只有兩英里（三公里）的超濃縮物體。

一個像這樣的物體它的重力場將會非常強大，以至於如前所述，它會大大扭曲其周圍的空

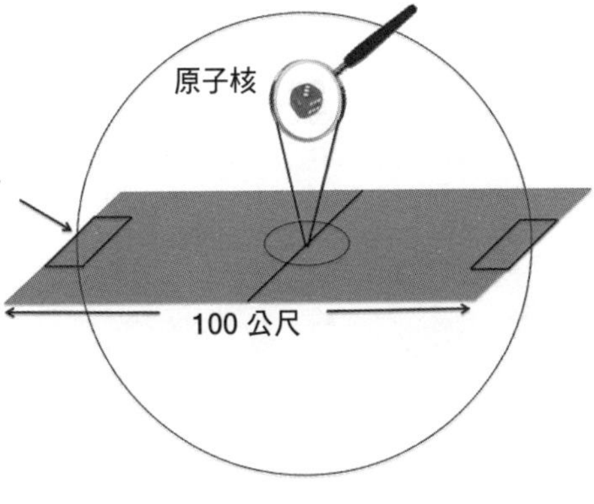

圖5.15 原子基本上是空無一物的空間。如果一個原子的大小跟足球場一樣大，那麼原子核不會比一個骰子大，電子會位在足球場的邊緣。

資料來源：竇琳．甘儂。

間，甚至如果光線落入黑洞之中，將無法逃離黑洞，因此黑洞的名字是這樣來的。但黑洞有一個關鍵卻不那麼為人所知的事實，被黑洞的強大重力場所吸引的物質，在向黑洞加速的過程當中會發出光。只要這個加速的物質距離黑洞夠遠，發射出的光會從它原本的路徑偏移，仍然可以逃出黑洞。在這些條件下，黑洞並不具有暗物質的特徵，因為它們會發出大量的輻射，這個光會被偵測到。

取得暗物質存在的直接證據

希望我已經說服你暗物質的確存在，現在讓我們來看看要如何直接偵測它。目前為止，雖然已有很多暗物質存在的證據，而且很難反駁，但是所有的證據都是間接證據。我們只能透過暗物質的重力和宇宙學的效應來感知它的存在。有沒有更多明確和直接的證據能夠證明它的存在呢？這就是好幾個研究團隊正在試圖建立的，再者，對於如何詮釋實驗的結果，科學家們已有激烈的辯論。

到目前為止，沒有人能夠用無可辯駁的方式直接觀察到暗物質。這並不令人訝異，因為我們在探討的是一種完全不同的物質，它跟夸克或輕子組成的可見物質（我們、所有行星、恆星和星系）完全不一樣。

目前為止已經有人提出幾個假設和理論模型，以試圖描述暗物質的性質。一個可能性是假設存在有一種粒子，它不具電荷且質量非常小，但會與強磁場產生交互作用。這個假想的粒子叫作軸子（axion）。歐洲核子研究組織的兩個實驗OSQAR和CAST目前正在嘗試使用強大的磁鐵來偵測一些軸子以證明其存在。然而，儘管兩組研究人員已展現出極大的毅力和聰明才智，但目前為止還沒有任何跡象顯示軸子存在。

另一個比較普遍的方法是假設暗物質就像可見物質一樣也是由粒子組成的，但是它們跟軸子或標準模型的粒子不同。要讓我們能夠發現它們，它們不僅必須存在，而且還必須以某種方式跟普通物質的粒子產生交交互作用。

如同我們在第一章討論過的，標準模型的基本粒子（夸克和輕子）藉由四種不同的基本作用力彼此起交互作用，也與布勞特－恩格勒－希格斯場（表5．1）交互作用。目前我們所有關於暗物質的知識是，它會產生重力場，但不會透過電磁力起交互作用，如果它會跟電磁力起交互作用，它就會發光；如果它會跟強作用力起交互作用，它就會產生許多與普通物質的交互作用，那麼它會就很容易被發現，那目前為止無數的實驗應該早就要發現到它了。

所以看來強作用力和電磁力都被排除在外。但暗物質有可能透過弱作用力與普通物質起交互作用，弱作用力是放射性形成的原因。如果這個假設是正確的話，那麼暗物質就會是由弱交互作用的粒子（weakly interacting particles）所組成的。另外一個可能性是，既然暗物質會產生重力場，它一定有質量。若真如此，可能會認為暗物質也

表5.1 標準模型粒子以及暗物質與基本作用力之間已知和可能的交互作用。

力	重力	弱作用力	電磁力	強作用力	布勞特－恩格勒－希格斯場
受影響的粒子	所有粒子	夸克、輕子	帶電粒子	夸克、膠子	大質量粒子
作用在暗物質上？	有	???	無	無	???

會與布勞特－恩格勒－希格斯場產生交互作用，這點我將在本章末探討。以上是目前的一些假設，我將在接下來的段落一一檢視。

尋找WIMP

前一段的第一個假設中，一個非常盛行的版本是暗物質粒子可能是大質量弱作用粒子（weakly interacting massive particles），或簡稱WIMP。儘管很罕見，但是大質量弱作用粒子會跟物質起交互作用，就像微中子一樣。一個二十磅（十公斤）的探測器每年可以記錄到少於一次與暗物質粒子的交互作用。預估的確切碰撞次數取決於大質量弱作用粒子的質量、豐度（abundance），以及其與普通物質交互作用的親和性（affinity）。目前為止這些因子沒有任何一個是已知的。為了最大化找到大質量弱作用粒子的機會，所建造的探測器包含了盡可能多的材料（有些探測器使用高達一噸的活性材料），以提高大質量弱作用粒子和探測器內含原子之間碰撞的機率。

跟含有數百噸活性物質的大強子對撞機偵測器的尺寸相比，這些暗物質探測器看起來可能非常的小，但它們是為了提供絕對安靜的環境而設計的。想像你試著偵測蝴蝶經過的動靜，用的方法是在湖面上尋找微小的波紋，湖面愈大，偵測到蝴蝶經過的機會就愈大，但是，只有在湖面是完全的靜止、並且遮蔽掉所有類型的擾動時，才有辦法偵測到蝴蝶經過時的微小波紋。相比之下，大強子對撞機偵測器就等同於一片激動的海洋，風、魚群和強大的洋流都會對它造成影響。

宇宙中含有大量的暗物質。如果暗物質可以與普通物質產生交互作用，那麼我們可以預期，大質量弱作用粒子將不時與探測器發生碰撞，或者更精確地說，與探測器當中的原子核中的質子或中子碰撞（圖5．16）。質子和中子被統稱為核子，因為這兩種粒子都存在於原子核中。大質量弱作用粒子和核子之間的碰撞將導致原子核反衝，進而產生一個小但偵測得到的振動（圖5．17）。

如果探測器愈大、且其運轉的時間愈長，紀錄到碰撞的機會就愈大。再者，大質量弱作用粒子對原子核造成的撞擊愈激烈，碰撞就愈容易被發現。可惜的是，大質量弱作用粒子比較有可能只將其能量的一小部分轉移到原子核，所以想為探測器選擇對的材料並不容易。舉例來說，與諸如氙之類較重的原子核製成的探測器相比，使用由鍺或矽製成的探測器可以得到更多的激烈撞擊，因而更容易偵測到碰撞。但另一方面，理論也預測了氙探測器會有更多的碰撞總數。理想的探測器並不存在：一切都是取捨的問題，而且這也取決於能夠從每種材料中提取出這些小訊號的技術的效率，因此不同的團隊會選擇使用不同的材料來建造探測器。考慮到大質量弱作用粒子的確切特徵是未知的，這麼做讓我們可以更廣泛地檢查各種可能的方案，最終應該都會有所幫助。

所有這些探測器都安裝在礦井或隧道的深處，因為頂層的岩石可以作為屏幕，阻擋射入的宇宙射線，否則宇宙射線將在探測器中引起假信號。消除所有可能的背景來源（像是宇宙射線和自然環境中的放射線）是這類實驗最大的挑戰。

暗物質雨

我們知道星系中心有暗物質存在，因為暗物質的作用像是星系的種子，但其實暗物質存在的範圍遠遠超出了星系中心，地球因此應該是浸泡在暗物質粒子的雲霧當中。而既然地球繞著太陽公轉，這個雲霧會像雨一樣。如果我們假設大質量弱作用粒子比質子重十倍，那麼暗物質粒子的流量將會是每秒每平方英寸六百萬顆粒子（也就是每平方公分一百萬顆粒子）的數量級。這個流量是很龐大的；如果這些粒子能夠跟普通物質產生交互作用，甚至是只是微弱的作用，我們應該就能捕捉到其中一些暗物質粒子。

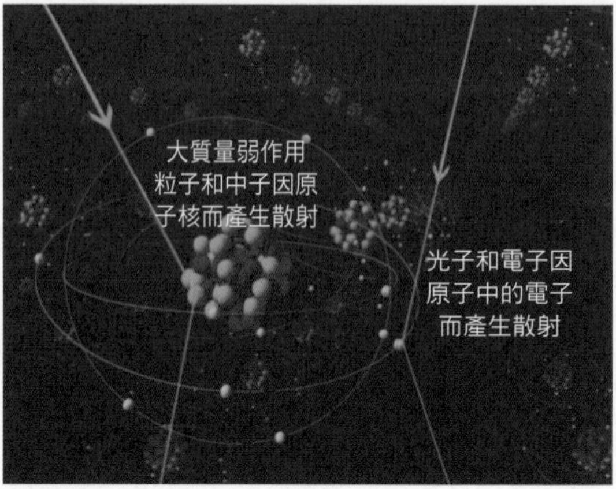

圖5.16 我們假設大質量弱作用粒子就跟宇宙射線裡的中子一樣，可能與探測器材料中原子核的質子和中子發生碰撞。至於帶電粒子（例如電子）則與原子的電子而不是與原子核產生交互作用。這兩種類型的交互作用可以被區別開來。

資料來源：麥克・阿提沙（Mike Attisha），CDMS 實驗合作計畫。

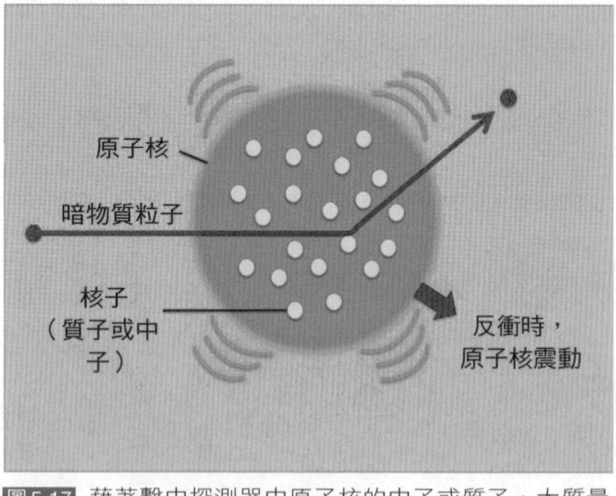

圖5.17 藉著擊中探測器中原子核的中子或質子，大質量弱作用粒子可以誘發小的、可偵測的振動。

資料來源：寶琳・甘儂。

原理很簡單。想像一個人站在遊輪的甲板上，在沒有任何風的濃霧之中。如果這個船是完全靜止的，那個人根本就不會弄濕。但是，如果船正在穿過這個由微小的水珠組成的濃霧，水珠就會灑到這個人身上。如果這個人開始跑的話，水潑灑的效應甚至會更明顯。當這人往跟船的移動相同的方向跑的時候，他會接收到更多的水珠，如果往反方向跑則會接收到較少的水珠。

在地球上運轉的粒子探測器也是一樣。六月的時候，地球繞太陽的旋轉速度約為20英里／秒（30公里／秒），與太陽繞星系中心的速度145英里／秒（235公里／秒）同方向，因此增加了「大質量弱作用粒子雨」噴灑的量（圖5．18）。相反的，十二月份地球的速度與太陽的速度相反，探測器會遇到較少的暗物質粒子。因此，地球上對於大質量弱作用粒子敏感的探測器將在六月份記錄到比十二月份更多發生的碰撞，因為暗物質粒子的相對速度從六月的165英里／秒

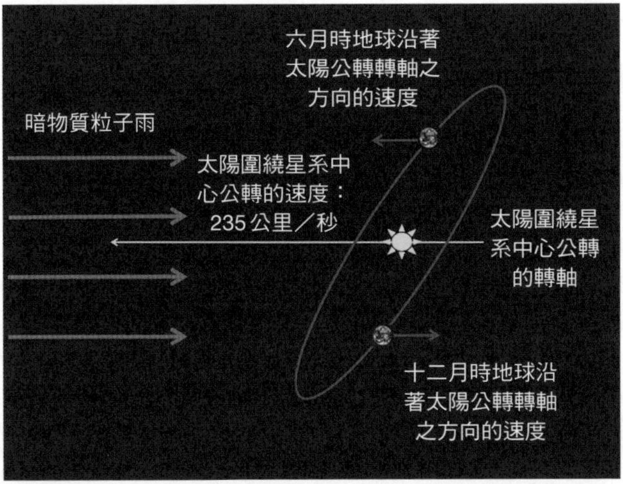

圖5.18 由於地球圍繞著太陽公轉，而太陽又繞著星系中心公轉，地球的速度會疊加在太陽的速度之上。這兩個速度在六月會是同方向的，在十二月則會是反方向，如圖所示。想像大質量弱作用粒子像水的微滴一樣形成霧，「大質量弱作用粒子雨」打在地球上的強度，將取決於地球相對於雨滴移動的速度。因此十二月份地球上的探測器所記錄到的暗物質粒子碰撞數將會比六月少，因而使訊號產生年度調變（annual modulation）。
資料來源：寶琳．甘儂。

（265公里／秒）下降到了十二月的125英里／秒（205公里／秒）。這個大質量弱作用粒子雨強度的變化將轉化為一年之中暗物質粒子擊中探測器的次數變化。

這正是在DAMA／LIBRA實驗工作的科學家們十多年來觀測到的結果。他們的訊號強且清楚：8.9個標準差，也就是比可能的統計波動強8.9倍，但可惜他們的說法與其他幾個實驗交互矛盾。圖5·19中的圖表顯示了DAMA／LIBRA隨時間（十四年）所記錄到的事件數，年度調變清晰可見。這幾年研究團隊將探測器的尺寸增加了近三倍，使其更為敏感後，這個調變的現象更加顯著。DAMA／LIBRA團隊不是唯一一個作出這般斷言的團隊。這些年來也有另外三個實驗團隊發表了研究報告，指出他們可能偵測到暗物質訊號：CoGeNT也偵測到小的年度調變，而CRESST和CDMS則觀測到比背景（宇宙射線、放射線等）還要多的事件。

如果這四項實驗的結果是一致的話那就太棒了。可惜情況並非如此，正如圖5·20這張非常雜亂的圖表所顯示的。這張

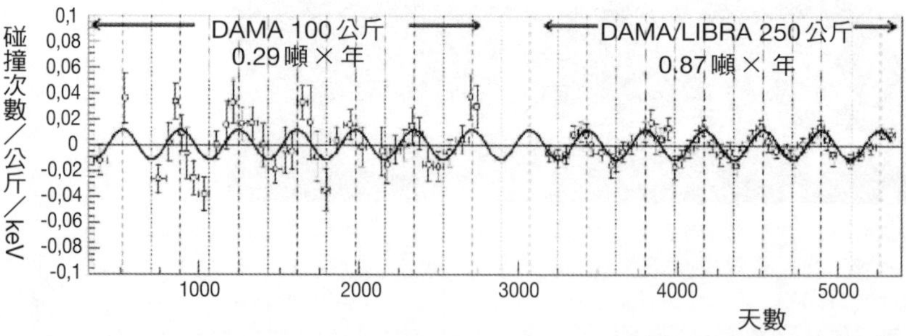

圖5.19 DAMA／LIBRA探測器記錄碰撞次數的年度調變。該團隊的研究人員將這些年度調變的結果歸因於暗物質粒子的碰撞；但他們並沒有說服科學界，因為其他實驗並沒有發現任何類似的訊號。

資料來源：DAMA／LIBRA。

圖的複雜程度甚為充分地體現了當前的情況：我們完全的困惑。縱軸是以平方公分為單位的有效截面（cross section），它所測量的是標的尺寸，也就是，對於大質量弱作用粒子而言，核子（質子或中子）有多大。這就是我們測量暗物質與普通物質粒子之間發生交互作用的機率的方法，標的愈大，要打中它就愈容易。橫軸是可能的暗物質候選的質量，以GeV為單位。

這張圖乍看之下很複雜，但事實上要簡單得多。塗上各種顏色的封閉區域代表的是四個宣稱有偵測到訊號的實驗所得到的值（以及其相關的誤差界限）。另一個開放曲線顯示的是排除限值，是由幾個沒有測量到任何訊號的實驗所給的。總的來說，這些實驗組合起來的結果將整個綠色區域排除在外，也就大概是圖形的上半部分。所有這些線以上的值都被排除在外，這意味著四組聲稱有測到訊號的實驗與其他偵測不到訊號的實驗結果完全矛盾。此外，有測到訊號的實驗裡面其中只有兩個實驗（ＣｏＧｅＮＴ和ＣＤＭＳ）的結果彼此一致。還要注意的是，ＣＤＭＳ和ＣＲＥＳＳＴ兩個實驗公布了有測到訊號的區域，但同樣也公布了把該訊號排除在外的曲線，這是他們在改進了探測器性能和訊號分析方法之後發生的。ＣＤＭＳ及其改進版SuperCDMS以及ＣＲＥＳＳＴ最近都排除了自己以前的訊號（圖中也繪製了這些訊號）。

但是，情況正逐漸變得愈來愈明朗。最近由ＬＵＸ和ＸＥＮＯＮ１００實驗獲得的最新排除限值非常強而有力，以至於大家對於先前這四個測到訊號的實驗有嚴重的懷疑。科學界大部分的人認為ＣｏＧｅＮＴ和ＤＡＭＡ／ＬＩＢＲＡ剩下的這兩個聲稱有測到訊號的結果，可能對於背景的評估存有實驗錯誤，儘管目前為止還沒有人找出它到底錯在哪。至於ＣＤＭＳ和ＣＲＥＳＳＴ，他們自已最近的結果已經取代了他們先前的觀測。所有這一切都說明了這些測量有多麼的困難，以及目前為了弄清楚這個情況所取得的進展。

儘管情況看起來令人覺得挫折，但考慮到這些實驗的複雜性，其實一點也不令人訝異。如果我們不是在處理實驗上的錯誤，就是有理論可以解釋這些現象。許多理論物理學家已經做出極大的努力，希望可以構建出新的理論模型，來解釋為什麼一些實驗偵測到訊號，而其他實驗卻偵測不到訊號的這個事實。目前為止沒有任何理論模型能夠成功地取得物理學家們的共識，許多

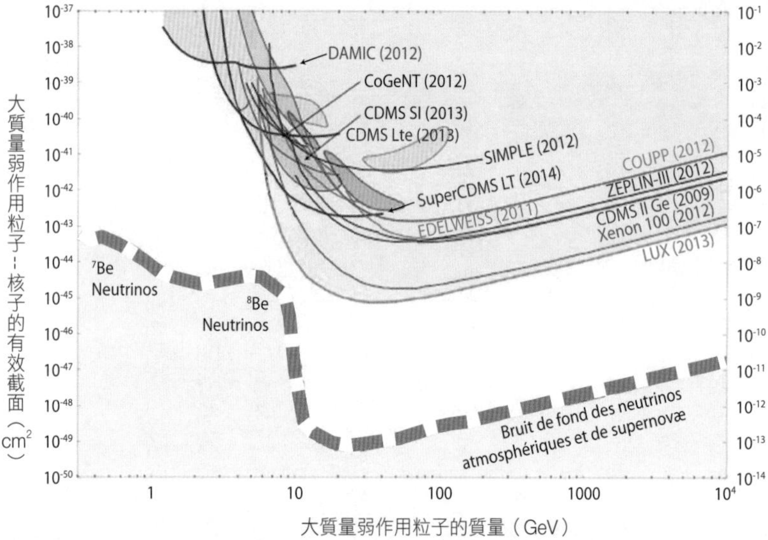

圖5.20 這個非常混亂的圖只是為了說明，在尋找暗物質上，當前的情形有多麼的令人困惑。此圖概括了一些目前尋找暗物質與普通物質之間交互作用之直接證據的實驗結果（甚至是沒有結果的結果！），縱軸是根據橫軸上顯示的大質量弱作用粒子之假設質量求得的交互作用的機率。四個實驗（CoGeNT，DAMA／LIBRA，CDMS II和CRESST）已經公布了陽性的訊號（由封閉的彩色區域顯示），而其他幾個團隊（未全部顯示）排除了這四個陽性的結果以及對應於開放曲線上方的區域。相關詳細訊息，請參閱正文。

資料來源：朱利安．比亞爾（Julien Billard）等。

實驗正持續在收集數據，其他的實驗計畫則正在進行中，每個人在理論和實驗方面都很努力在工作，可以預期我們在接下來的幾年內就會有所突破。

來自外太空無法解釋的訊號

正如我們剛剛討論過的，有幾個正在進行中的實驗正積極地試圖尋找無可辯駁的直接證據以證明暗物質粒子的存在，但地球並不是唯一一個物理學家搜尋暗物質的地方。已有幾年的時間，數個使用衛星（HEAT、PAMELA以及FERMI）和國際太空站（AMS-02）進行的實驗已發表了研究報告，指出宇宙射線中觀察到的正電子數（電子的反粒子）有出現超量的情形。整件事的重點是在了解這些正電子是從哪裡來的。正如我們在第一章中討論過的，我們的宇宙幾乎沒有反物質，那麼這些正電子的

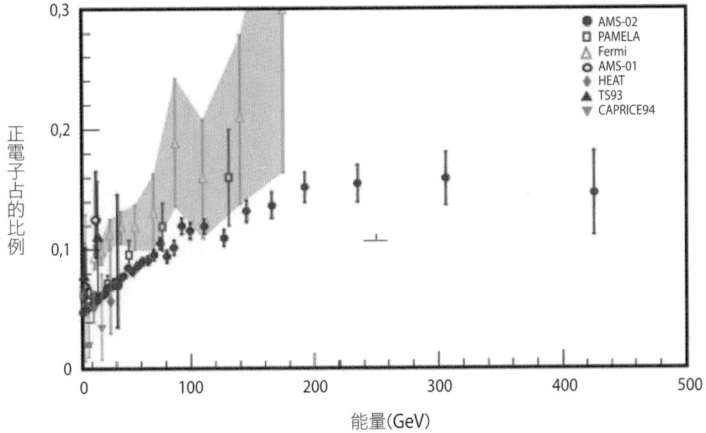

圖5.21 以宇宙射線裡觀察到的電子和正電子的能量為函數，圖5.21顯示了正電子在其中所占的比例。最新的結果來自二〇一四年九月的AMS-02實驗，並以圓點表示。一個解釋是，這些正電子可能來自暗物質粒子的湮滅，這一點已經引起科學界的高度關注。許多人希望AMS-02一旦積累和分析了更多的數據後就能夠解開這個問題。
資料來源：國際太空站。

來源會是什麼呢？

這個比例是針對所有發現到的電子和正電子所作的計算。不同實驗所作出的結果都顯示在5．21這張圖上，最新、最精確的實驗是來自AMS-02（暗色圓圈）和PAMELA（空心正方形）實驗。最有趣的事情是，曲線先往上爬升，然後在200 GeV左右就穩定了。目前整個問題是在於測定這條曲線在較高能量下的行為，如此才能解決這些正電子來源的問題。

科學家們已經提出了幾個可能的解釋，以下是兩個最熱門的假設：有些理論物理學家認為這些正電子可能來自像脈衝星（pulsar）這樣的來源。脈衝星是在其軸上自旋、且由於其強大的磁場而產生脈衝訊號的中子星。其他人則認為這可能是第一個具體顯示出暗物質與可見物質交互作用的跡象。兩個暗物質粒子有可能彼此湮滅，放出電子和正電子，成為正電子產生的來源。這兩種可能性要如何分辨呢？根據這兩個脈衝星跟暗物質湮滅的理論假設，他們的正電子的行為在較高能量的狀態下會略有不同。所以，在沒有更多高能實驗數據的情形下，這個辯論會一直持續下去。許多科學家期待看到國際太空站（156頁圖5．22）上最新的AMS-02實驗結果。研究人員已經證明了他們初始數據的品質之高，但是這些數據是取得自較低能量的狀況，估計這個實驗應該很快就能夠有更多高能的數據。不過在這本書出版的（指法文版二〇一五年）時候，還無法取得這些數據，但大家都非常期待，希望他們能夠精確地解決這個問題。而且，誰知道呢？這些數據有可能提供暗物質與普通物質之間交互作用的第一個證據（儘管仍然是間接證據）。很多灰質正在思考這個問題*。

大強子對撞機中的暗物質

地底和衛星實驗還是沒能提供暗物質的直接證據，另一種尋找暗物質但間接的方式是使用大強子對撞機的超導環場探測器和緊緻緲子螺管偵測器，我們有可能會在那裡找到暗物質粒子，但是，再一次提醒，只有當暗物質會和標準模型描述的某些粒子（即第一章中提到的費米子和玻色子）交互作用時，我們才找得到暗物質粒子。由於我們不知道事情發生的確切過程，緊緻緲子螺管偵測器和超導環場探測器的物理學家們與理論物理學家密切合作，一定要設置各種「陷阱」，以對付理論預測的許多奇怪的（暗物質）野獸。隨著大強子對撞機以更高能重啟，我們希望諸多測試方法當中的其中一個將揭露出新的東西。

最普遍的想法是標準模型的延伸，也就是一個紮根於標準模型原則、再作進一步發展的理論。其中一個這樣的假設叫作超對稱，下一章我們將專門討論它。我將在本章結束前探討大強子對撞機一些可能用來揭露暗物質的方法，而在下一章中將檢視超對稱理論中的可能性。

*譯註：原文Lots of gray matter is pondering over this [dark matter]. 中文翻譯：很多「灰質」都在思索「暗物質」這個問題。作者拿gray matter（灰質）和dark matter（暗物質）的相似之處，玩了一個文字遊戲。灰質是中樞神經系統中的一個重要組成部分，由於包含大量神經元細胞本體與神經膠細胞，因而解剖時呈現灰色。大腦皮質即由灰質組成，在知覺、思考等功能上皆扮演重要角色。該句的含意是很多科學家都在努力的思考這個問題。

如何在大強子對撞機中生產出暗物質？

接下來將說明我們認為大強子對撞機可以產生出暗物質粒子的方法，每種方法都伴隨著許多變化，因此，數百位物理學家在這個問題上不懈地工作，盡最大的努力檢視每一個可能的方法。舉例來說，碰撞的質子中所包含的夸克和膠子，可能會產生標準模型中的已知玻色子和新的假想玻色子。這些新的粒子可能帶有各種性質，而且沒有一個性質是已知的，所以我們必須測試每一個可能的值。我們還必須做更進一步的假設，例如，我們可能假設這些玻色子又可以進一步衰變成一對暗物質粒子，而這些暗物質粒子確切的性質同樣是未知的。我們只知道這些暗物質粒子必須是電中性的，我們不知道它們的質量，也不知道它們又會經由什麼機制、產生出什麼粒子。所有這些未知的量正說明了可能性有很多，而我們需要一一檢視所有這些可能的情境。

圖5.22 國際太空站上的AMS探測器。
資料來源：AMS／美國太空總署。

圖5·23是一張費曼圖（Feynman diagram），它說明了其中一個可能性。我們可以看到屬於碰撞質子的入射夸克（標記為q的線），時間是由左往右走。按照慣例，粒子由指向右側的箭頭表示，而反粒子則由指向左側的箭頭表示（所以時間方向是往回溯）。在夸克的碰撞過程中，釋放出的能量以各種玻色子的形式物質化，一般是由符號V、A和ϕ/a表示，這些符號可以用來代表已知或假想的玻色子，不同類型的粒子會用不同的線來表示，用以強調它們之間的差異。我們用直線來代表費米子（夸克、輕子或暗物質粒子，我們將暗物質粒子標記為χ），多環線則是膠子（以g表示），其他玻色子為波浪線。

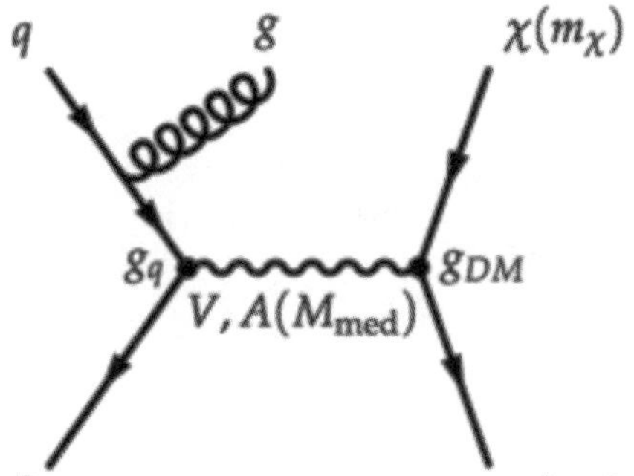

圖5.23「費曼圖」是粒子如何生成與如何衰變的示意圖，時間由左往右走，這邊我們可以看到從左邊入射的兩顆夸克（q）碰撞並產生一個中介狀態（以V或A表示的玻色子），我們認為接下來它能夠衰變成暗物質粒子。這張圖說明了大強子對撞機可以產生暗物質粒子的其中一種方式。不過這些圖表都是理論假設而來，尚需經實驗測試。
資料來源：暗物質論壇報告（Dark Matter Forum Report）。

圖5·23中的費曼圖顯示了夸克和反夸克碰撞、相結合產生某種類型的玻色子，玻色子接著衰變成一對暗物質粒子（即粒子與其反粒子）。在這個例子裡面，其中一顆入射的夸克也發射出一顆膠子，這就像一個騎自行車的人，如果他以太快的速度移動，就可能會在急轉彎時失去了他的帽子。所

以，碰撞產生出了一顆膠子和兩顆暗物質粒子，膠子會拉出真空中成對的夸克和反夸克，形成一束強子（由夸克組成的粒子），這些強子束叫做噴流（jet）。該事件因此包含了一束粒子噴流和兩顆暗物質粒子。

看見隱形粒子

正如我們在第二章中討論過的，一個事件是一個快照，顯示了某些重的、不穩定的粒子如何衰變產生出好幾顆更輕、更穩定的粒子。根據能量守恆原則，每一個事件中能量必須平衡[1]。如果我們觀察到步槍的反衝，那麼一定有一顆子彈是往相反的方向飛出。同樣地，我們如果放開一個氣球，氣球會因為迫使空氣流出而產生推力：氣球會推空氣，而空氣會往相反的方向推氣球。所有從碰撞中出現的粒子也是一樣的：它們必須相對於彼此反衝。這就跟我們看到的煙火一樣：碎片會往全部的方向飛，而不會只往同一個方向飛。

160頁圖5．24顯示了超導環場探測器所捕捉到的兩個事件。左側的圖顯示了一種非常常見的事件類型，它包含了從一些較重粒子的衰變中出現的兩束強子噴流。這兩束噴流相互飛離，以彼此相反的方向反衝。所有往左邊飛的粒子所攜帶的能量跟往右邊飛的粒子所攜帶的能量完全平衡相等，能量是平衡的。當所有片段都被記錄到時，沒有任何能量會不見。

現在來看右邊的事件：一束單一的噴流往上飛。但是，這束噴流必須對應一個向下飛的東西反衝，即便這個「東西」並沒有被記錄在偵測器上，因而仍然是隱形的。我們於是可以得出結論：還有別的東西存在。因此，即使該粒子在偵測器中沒有留下訊號，但由於事件中能量不平衡，該粒子因而還是可以「被看到」。這就是那些對於偵測器來說隱形的粒子（也就是諸如微中子以及暗物質粒子這類不與偵測器交互作用的粒子）仍然可以被偵測到的方法，也就是我們如何能看見隱形粒子的方法。

含有單顆光子和能量缺失的事件

前面所示的費曼圖中，一顆入射的夸克發射出了一顆膠子，但光子也可以以同樣的方式被發射出，對我們而言這其實是幸運的，不然的話碰撞過程中產生的唯一粒子將會是暗物質粒子，我們就無法用偵測器記錄到這樣的事件，所以光子使得這個事件可以被偵測到。這樣的事件看起來會像圖5・25，這是超導環場探測器實驗所捕捉到的一個事件。我們可以藉由其能量澱積來確定這是一顆光子，也就是左圖中大約四點鐘方向的黃色線，也可以用右圖中的黃色塔柱來表示，右側的圖顯示的是如果把偵測器的圓筒形部分展開攤平，我們會得到的圖。十點鐘方向附近的粉紅色虛線則代表一個能量缺失，該能量缺失來自於一個相對於光子反方向反衝的隱形粒子。藍線對應於同時間發生的其他低能量碰撞中產生的粒子，這些粒子可以被忽略。

不幸的是，超導環場探測器收集到的其他類型的事件看起來可能就跟這些事件一樣，它們構成了

1 嚴格來說，能量是純量，意思是沒有空間方向性的物理量。換句話說，向量是有空間方向性的物理量。比如一顆粒子的速度賦予它速率及方向。然而，在粒子物理學中，我們時常將粒子方向上的移動歸因於攜帶的能量。

我在第四章提過的惡名昭彰的背景[2]。舉例來說，一個包含一顆Z玻色子和一顆光子的事件，如果其中的Z玻色子衰變成兩個微中子（另一種跟暗物質一樣不與偵測器起交互作用的粒子），那麼該事件看起來就會跟這張圖一樣。在這兩種情境中，我們在事件中都只會看到一個光子和一些能量缺失。我們需要依靠模擬和實際數據來評估源於這類背景的事件的數量。例如，我們可以藉由計算在Z玻色子衰變成兩個電子或兩個緲子的情況下，有多少一顆光子和一顆Z玻色子的事件，來評估這樣事件的總數有多少。由於我們知道Z玻色子衰變成兩個微中子、相對於衰變成兩個電子或兩個緲子的頻率，我們因而可以估算這個背景。在上述情況中，我們的結論是：這個事件符合源於背景的事件，而非源於一種新型的隱形粒子，因為我們所發現到的事件數量並沒有超出預期的背景。

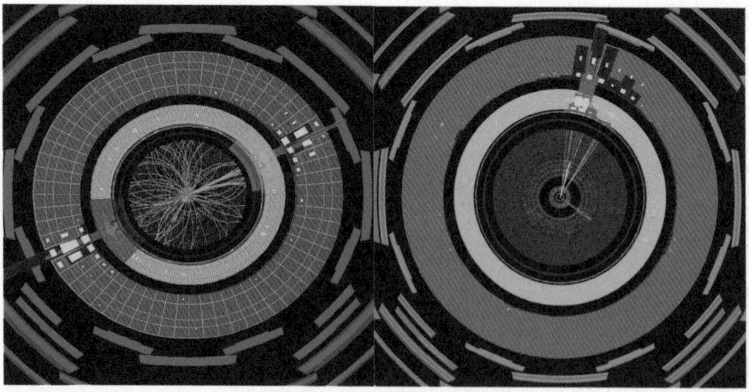

圖5.24 左圖：超導環場探測器中發現到的一種常見類型的事件，它包含有兩束噴流。右圖：一個非常罕見、只有一束噴流的事件，這可能對應於一個隱形的暗物質粒子的特徵。
資料來源：超導環場探測器。

具有大量缺失能量的事件

在此介紹其他一些大強子對撞機可能產生出暗物質粒子的方法。圖5．26左邊的部分描述的是兩個夸克（一個夸克和一個反夸克）碰撞產生出標準模型描述的一個普通玻色子（由V表示）：可能是一個光子、一個希格斯玻色子，或一個Z或W玻色子。右邊的圓塊只是表示我們對於可能發生的事情缺乏了解：另一個玻色子以及一對暗物質粒子因某種新的、未知類型的交互作用而出現。偵測器將再次地記錄下這些玻色子或其殘餘物分裂時留下的訊號，也將記錄下大量的能量缺失，透露出隱形的暗物質粒子的存在。

圖5．26右側的圖表描述了兩個膠子產生兩對頂夸克或底夸克的情形，這些夸克又組合起來，形成一個新的假想的玻色子ϕ/a。這個玻色子可能再次會衰變成一對暗物質粒子。這兩種情境是理論物理

圖5.25 超導環場探測器所收集到的一個事件，其中包含單顆光子（左側圖四點鐘位置的黃色柱，也顯示在右上角的視窗中），以及相對於光子反衝的能量缺失（十點鐘方向附近的粉紅色虛線）。這個事件具有如下特徵：一些隱形粒子伴隨著一顆光子生成，但由於我們只發現極少數這種類型的事件，該事件因此被歸因於背景。

資料來源：超導環場探測器。

2 背景指的就是所有跟訊號具相似的特徵、但來自其他來源的事件。

學家所建構的假設。只有實驗上的證據才能告訴我們，其中任何一個假設是否是正確的。

如果暗物質存在的話，所有這些含有暗物質粒子的事件都會共享一個特徵：它們會以大量能量缺失的形式顯現出能量的不平衡。如果事件中沒有一個或有時兩個可見粒子的話，這些事件將不會被記錄到。尋找是否存在著不尋常數量的大量能量缺失事件，基本上是緊緻緲子螺管偵測器和超導環場探測器在大強子對撞機中尋找暗物質粒子時所採用的策略。

希格斯玻色子有可能與暗物質有關嗎？

如前所述，由於暗物質會產生重力場，所以暗物質粒子似乎是有質量的。如果是這樣，這些粒子可能與布勞特－恩格勒－希格斯場交互作用，那麼希格斯玻色子應該能夠衰變成暗物質粒子。這是我與其他許多人花了數年的時間探索的一個可能性。

在大強子對撞機，希格斯玻色子有時跟Z玻色子一起產生。圖5.27中的左圖描述了其運作原理。大強子對撞機中屬於兩個對撞質子的兩個夸克 q可以產生激發的Z玻色子（在這張圖中我們使用

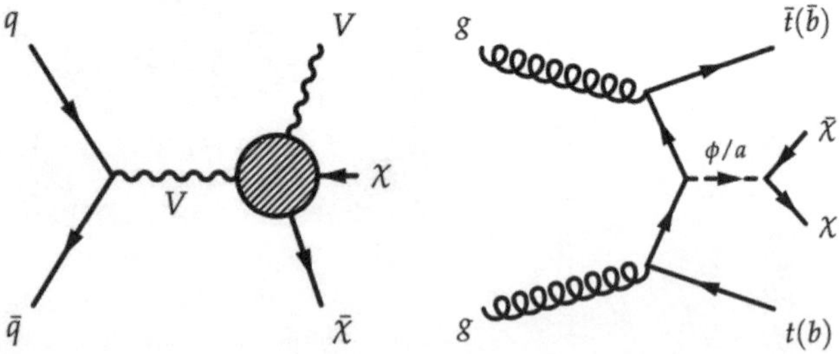

圖5.26 如前所示，這些「費曼圖」描述了一個粒子如何生成、以及它們如何衰變的示意圖。時間由左往右走，這裡我們看到兩顆粒子入射、碰撞並產生其他粒子。這兩張圖說明了幾種大強子對撞機產生暗物質粒子（由 χ 表示）的可能方式。

資料來源：暗物質論壇報告。

Z'來表示這種激發態），這個激發的Z玻色子藉由發出希格斯玻色子（圖中的H）的方式擺脫多餘的能量回復到其正常狀態。這非常像激發的原子利用發射光子的方式回到其正常狀態時發生的情形，這也是金屬片之類的材料加熱後發光的原因。當這種情況發生在大強子對撞機時，最終會出現一個正常的Z玻色子和一個希格斯玻色子。兩者都可以衰變成穩定的粒子。

Z玻色子有時會產生兩個輕子（一個電子和一個正電子，或一個緲子和一個反緲子）。這些輕子是由圖5·27右圖中的英文字母l表示，該圖顯示了哪些粒子會通過偵測器。如果回到我們的初始假設，我們的希格斯玻色子有時可能衰變成兩個暗物質粒子，由圖中的符號χ^o表示。最終會只有Z玻色子的碎粒在偵測器中是可見的，而不是希格斯玻色子的衰變產物。因此，這類分析的目的是找到含有兩個輕子（電子或緲子）和一些代表兩個不可見粒子之缺失能量的事件。

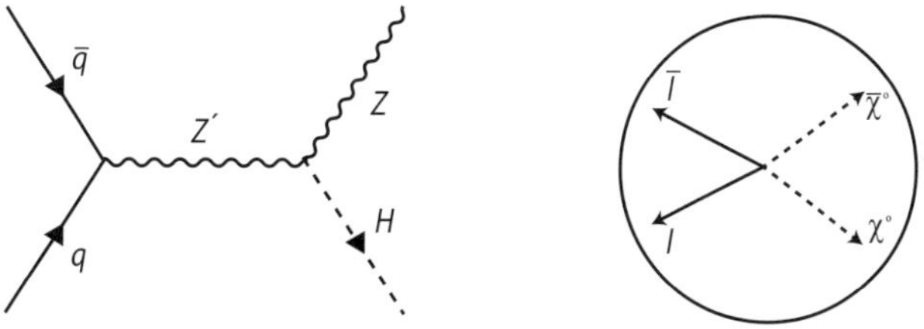

圖5.27 此圖描述大強子對撞機中分屬於兩顆碰撞質子的兩顆夸克如何產生出一個希格斯玻色子伴隨著一個Z玻色子。如果希格斯玻色子衰變成暗物質粒子，對於偵測器而言它們將會是不可見的，但會在事件中留下能量的不平衡。除此之外，Z玻色子的衰變產物（兩個緲子或兩個電子）也會是可偵測的，這就是一個特殊的特徵，讓我們得以尋找這種類型的事件。

資料來源：寶琳·甘儂。

超導環場探測器和緊緻緲子螺管偵測器仔細檢視了收集到的所有具該特徵的事件，但是沒有發現任何比我們所預期的背景還要多的額外事件。在這個情境中主要的背景是包含兩個Z玻色子的事件。

第一個Z玻色子衰變成兩個輕子，另一個則衰變成兩個微中子，微中子跟暗物質粒子一樣不可見。利用類似於第四章中描述的發現希格斯玻色子的統計方法，我們不得不得出結論，沒有發現任何比背景還要多的超出，但這也使得我們可以在觀察到暗物質與普通物質產生交互作用的機率上設一個限值。

大強子對撞機的這種分析甚至對於非常輕的暗物質粒子也是靈敏的。還記得圖5．20中我所陳述的一些關於暗物質直接搜尋的總結嗎？緊緻緲子螺管偵測器和超導環場探測器實驗可以幫助我們讓情況變得更加明朗，即便他們的結果是取決於與直接搜尋的結果相反的各種理論假設。我們仍在持續努力當中，但自從大強子對撞機在二〇一五年春天以更高的能量重新啟動以來，我們更應對此滿懷希望。現在我們可以生產出更多的希格斯玻色子，甚至是提高了看到最罕見的希格斯玻色子衰變過程的機會（例如衰變成暗物質粒子）。

重點提要

宇宙包含了比可見之物多更多的物質和能量。所有恆星和星系這類可見物質僅占宇宙總含量的5%。最大的一部份（68%）似乎是某種未知形式的能量，且仍然是一道極難解的謎。其餘的（即宇宙的27%）由「暗物質」組成，這種物質不會發出或吸收任何光線，因此得其名。暗物質似乎與標準模型的基本粒子幾乎沒有任何共通之處。但暗物質的存在是不容置疑的，因為我們可以利用它的重力效應，以許多不同的方法來偵測到它的存在。暗物質也是星系形成的重要元素。如果沒有暗物質，宇宙學模型將無法再現宇宙的演化——從一百三十八億年前的大霹靂演變到今日我們周遭所觀察到的現象。

有幾個實驗正在地底下、圍繞地球的軌道以及大強子對撞機中偵測暗物質粒子。這只有在暗物質會以某形式與普通物質起交互作用的情況下才可能被偵測得到，而我們還不知道暗物質會不會與普通物質起交互作用。已經有幾個實驗報告指出他們發現暗物質粒子，但其他幾個實驗與這些結果相矛盾。還有許多工作仍未完成且正在進行當中，我們期待很快會有新的發展（圖5．28）。

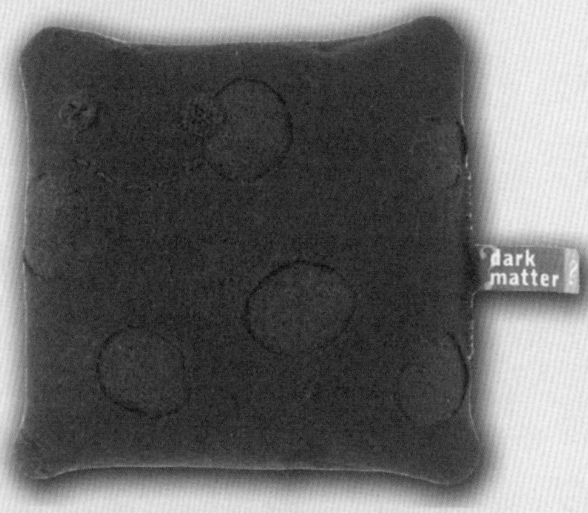

圖5.28 暗物質粒子長什麼樣子？沒有人知道。這是粒子動物園管理員皮斯利所想像的暗物質粒子。
資料來源：© 粒子動物園。

第六章　標準模型的再進化：向超對稱理論「SUSY」求救

正如我們在第一章中所看到的，標準模型描述了物質的基本組成元件以及將它們凝聚在一起的作用力。這個模型奠基於兩個原則：第一，所有的物質都是由粒子組成的；第二，這些粒子藉由傳遞與基本作用力相關聯的其他粒子彼此產生交互作用。這個模型既簡單又非常強大，這兩個原則當然都伴隨著複雜的方程式，以數學術語描述粒子之間的交互作用。這些方程式使得理論物理學家們得以極為精確地預測哪些粒子會與其他粒子交互作用、這些粒子如何衰變，以及這些衰變有多常發生。到目前為止，在考慮了實驗誤差界限後，過去四十年來幾乎每一個在粒子物理學實驗室裡量測到

圖6.1 艾利斯是歐洲核子研究組織與倫敦國王學院（King's College London）的理論物理學家，也是一位強力擁護超對稱理論的人，照片中的他正在閱讀物理學期刊上的專業論文，希望可以解開無數懸而未決的問題。

資料來源：歐洲核子研究組織。

的值都完全符合這個理論所預測的值。有的時候這些預測可以精確到小數點第九位，但並不是所有的值都能這麼的精確。

這就是為什麼，儘管標準模型是如此的成功，理論物理學家們（如圖6．1中的約翰．艾利斯〔John Ellis〕）知道這個模型是有極限的，一定有個更強大且更全面的理論尚未被發現。舉例來說，正如第一章已提過的，微中子的質量如此之小的這件事就已經是一個線索，告訴我們標準模型無法解釋一切。

標準模型之於粒子物理學而言，大概就相當於四個基本的算術運算（加法、乘法、除法和減法）之於數學。這四個運算足以應付絕大多數的日常所需，而至於更複雜的計算，就需要幾何、代數和微積分。標準模型足以解釋迄今為止幾乎所有觀察到的東西，但它可能只是冰山可以看到的那一角，一個更精細、高度發展之理論的基礎（圖6．2）。再者，這個模型現在已經完備了，不再預測新的粒子。因此目前科學界付出相當大的努力，想試圖找到新粒子或模型中的缺陷，因為這兩者都

圖6.2 標準模型可能只是冰山的一角。什麼樣更完備的理論可以解釋「新物理」呢？

資料來源：紐芬蘭特威陵蓋特的船錨飯店（Anchor Inn, Twillingate, Newfoundland）。

可能透露出「祕密衰變道」，將我們導向正確的路上，使研究能更進一步。然而，儘管已對新粒子作了大量的搜尋，況且實驗和理論測量的精密度也不斷提高，我們還是沒有辦法找到任何的異常或任何新粒子，得以打破這個模型，進而開啟所謂的「新物理」之門。

標準模型：一個美麗但有缺陷的理論

標準模型有什麼問題？如果它所有的預測都已經證明是正確的，為什麼物理學家作出這麼多的努力，想挑出它的毛病呢？很重要的一點是，標準模型無法回答以下幾個問題。例如，標準模型並未解釋物質與反物質之間的不對稱性。大霹靂之後物質和反物質應該是以同樣的數量產生的，可是為什麼宇宙今天基本上是單獨由物質組成？標準模型中也不包括重力，重力是四個基本作用力之一。它也沒有解釋為什麼重力比其他三種作用力（即電磁力、強作用力和弱作用力）要弱得多。舉例來說，如同我們先前討論過的，一個小磁鐵就強大到可以阻撓整個地球的重力，因而將一個小東西留在冰箱上。一些理論物理學家們提出了額外維度（extra dimension）的理論模型來解釋重力為何如此微弱。如同我們在第五章中看到的，強重力場會使其周圍的空間彎曲，而使該空間變形。但空間也可以收縮，有可能某些維度會完全彎曲、捲在自己身上，到了這個維度變得極其渺小的地步，這些維度對我們而言就變得看不見。重力的強度有可能被其中一個收縮的維度所吸收，因而被大大的削弱。這可能可以解釋為什麼重力是如此的微弱，因為我們只能觀察到重力的殘餘，它原來可能跟其他作用力一樣強大。

我們生活在一個有四個維度的世界裡：三維空間和一維時間。可能還有更多的維度存在，但是我們看不見。以下是一個例子用來說明這個概念：想像一個走鋼索的人沿著一條電纜移動。從她的角度來看，只有一個可能的維度：她只能在電纜上向前或向後移動，她不能往旁邊移動，也不能向上或向下移動。但是另一方面，沿著同一根電纜移動的螞蟻除了可以前後移動，還可以輕易地繞著電纜移動（圖6·3）。對於螞蟻而言，就有兩個維度存在，第二個維度是可以繞著電纜走，但以人類的尺度而言這個維度幾乎是看不見的。這些關於額外維度的理論預測了新粒子的存在。如果這些假設證明是正確的，那麼這些粒子可能可以在大強子對撞機中被發現，目前有幾個搜尋額外維度的實驗正在進行中。與此同時，沒有人知道這些假設是否合理。

四個基本作用力在強度上存在著極大的差異（其主要特徵是重力的微弱），這其實只是一個更普遍問題的其中一個面向，這個普遍的問題叫作「階層性問題」（hierarchy problem）。「階層性問題」這個術語也用來指基本粒子質量值範圍的寬廣。為了說明這一點，請見圖6·4。有些基本粒子的質量是以電子伏特（eV）為單位表示，其他有些以百萬電子伏特（MeV）為單位，甚至有些是以十億電子伏特

圖6.3 走鋼索的人只能在單一的維度上移動（前進或後退），但螞蟻還可以繞著電纜走，多了一個維度可以移動。
資料來源：《對稱雜誌》（*Symmetry Magazine*）。

（GeV）為單位。電子（0.511 MeV）比τ輕子（1.77 GeV）輕了三千五百倍。我們在夸克身上也看到同樣的現象：頂夸克的質量為173.5 GeV，比上夸克（2.3 MeV）重七萬五千倍。為什麼物質的組成元件有著如此不同的質量？為什麼這些粒子有三代？所有這些問題都沒有答案。

標準模型還有另外一個問題：如第一章所見，物質微粒（也就是夸克和輕子）都有½的自旋，因此屬於費米子類別。另一方面，力載子則具有整數的自旋值，如圖6・4所示，這代表它們是玻色子。為什麼會如此呢？為什麼這兩組粒子之間會有這樣的區別？我們不知道。就如同我們在第一章中看到的，這個區別導致了這兩類粒子完全不同的行為，好像它們屬於完全不同的世界。費米子必須嚴格遵守不相容原理，而玻色子喜歡同伴：玻色子愈多愈好。我們可以在空間中的同一點上將無限數量的全同玻色子堆疊在裡面，例如像是在超導的狀態下。

粒子質量的階層性問題也影響了希格斯玻色子的質量。標準模型的方程式描述了基本粒子之間相互的關係。舉例來說，我們可以用標準模型的方程式計算出希格斯玻色子的質量，這個基本的質量叫作「理論質量」。任何粒子（費米子、輕子或玻色子）如果跟希格斯玻色子起交互作用，理論物理學家們都必須在希格斯玻色子的基本質量上加上與該（交互作用之）粒子相關的修正。如果該粒子愈重，加在希格斯玻色子身上的相關修正就愈大。目前為止最重的粒子——頂夸克——就給希格斯玻色子的理論質量帶來極大的修正，所以就很難理解為什麼測量到的希格斯玻色子質量可以這麼的小。

從理論上的觀點來說，粒子的質量與買機票所支付的票價相似。這個理論質量或基本質量就像是基本票價，我們還要在那上面加上各種的修正。各式各樣的稅金會加在基本票價上，但是促銷代碼可以使價格下降。假如你加了高於基本票價數千倍甚至數百萬倍的稅金，那麼只有跟這個稅金同樣龐大的促銷代碼可以把價格帶回合理的範圍。計算希格斯玻色子質量所面臨的問題是，頂夸克所帶來的修正會使希格斯玻色子的質量值經歷劇烈的波動，這個劇烈的波動只有在倘若存在著一種新粒子可以中和掉頂夸克的影響時，修正才能被抵銷掉。舉例來說，頂夸克對希格斯玻色子質量所帶來的修正，可能可以被同樣大的、來自某種未知粒子的修正平衡掉。若真是如此，我們就能夠解釋為什麼希格斯玻色子的質量像測量到的那樣微小。

最後的手段是，理論物理學家們可以操弄模型，迫使幾個參數套用非常精確的數值，來解決希格斯玻色子理論質量的問題。但是，這樣做就相當於洋裝的紙樣需要更多布料，但我們卻用不太夠的布料試圖縫製。你會需要完美的調整每一塊布，把每一片小布都省下來，拼接在一起，才有足夠的布做

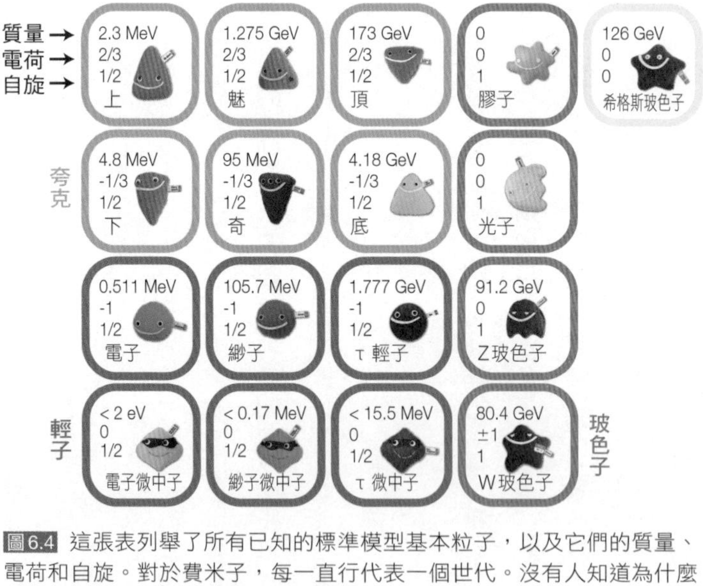

圖6.4 這張表列舉了所有已知的標準模型基本粒子，以及它們的質量、電荷和自旋。對於費米子，每一直行代表一個世代。沒有人知道為什麼質量的數值範圍會這麼的寬廣。

資料來源：寶琳・甘儂和©粒子動物園。

成洋裝。這種對理論參數做手動的細微調整叫做「微調」（fine tuning）。理論物理學家們不喜歡這種做法，認為這麼做非常不確實且不自然，所以他們會不惜一切代價避免這種做法。

如果以上這些論點還沒有說服你，以下是更完備的理論是無可避免的一個主要原因：標準模型只描述了普通物質，也就是我們在地球和所有恆星與星系中發現的這種物質，正如我們在前一章中所見。許多證據顯示了宇宙中含有比普通物質多五倍的暗物質——這是一種與我們所知的普通物質完全不同類型的物質。沒有任何一個標準模型所描述的基本粒子具有暗物質的性質，所以，很清楚的，這個模型對於宇宙內含之物的圖像並不完整。

為什麼我們需要新物理？

總的來說，以下是標準模型的主要缺陷。考慮到這些因素，物理學家們認為一定有其他更廣義的理論可以描述尚未被發現之物，而這個理論就稱為「新物理」。

- 無法解釋微中子的質量為什麼這麼的小，也無法回答微中子是否是自己的反粒子。
- 該模型並未解釋物質與反物質之間的不對稱性（宇宙中幾乎沒有反物質的存在）。
- 不包含具有暗物質性質的粒子。
- 不包括重力。
- 無法解釋重力為什麼這麼弱。
- 無法解釋粒子為什麼有三代的存在，也無法解釋為什麼它們的質量這麼的雜亂。

- 無法解釋費米子和玻色子之間的區隔。
- 無法解決希格斯玻色子理論質量的問題。

所有這些原因使得理論物理學家們多年來嘗試發展更全面完備的理論。這個理論必須要以標準模型為基礎，如果它無法解決全部的問題，至少要能解決一些問題。而其中一個物理學家們提出來的理論叫作超對稱。

超對稱：一個誘人的理論

超對稱理論首次出現在一九七〇年代初期，作為「弦論」（string theory）中的數學對稱性理論。弦論本身就是一個為了統一四個基本作用力而發展的理論，而超對稱可以解釋玻色子與費米子之間的區隔。隨著時間的推移，許多人為超對稱注入了新的元素，以至於今天超對稱已經很被看好，甚至被視作能超越標準模型的理論，但並不是唯一的這類理論。

兩位俄國理論物理學家D・V・沃爾科夫（D.V. Volkov）和V・P・阿庫洛夫（V.P. Akulov）是該理論的先驅者之一。接著，在一九七三年，尤里斯・威斯（Julius Wess）和布魯諾・朱米諾（Bruno Zumino）提出了第一個四維空間的超對稱模型，為未來的發展鋪了路。接下來的那一年，皮耶・費耶（Pierre Fayet）將布勞特－恩格勒－希格斯機制擴大應用到超對稱理論上，並首次引入標準模型粒子的「超伴子」（superpartner）。這一關鍵步驟建立了玻色子與費米子之間的對稱性，因此名為超對稱，熟識它的朋友則稱其ＳＵＳＹ＊。

目前有數個根據超對稱原理發展而出的超對稱模型。這些模型以標準模型為基礎，將一或兩個伴子與每個基本粒子相聯結。費米子會得到玻色子超伴子，反之亦然。這就統合了物質的基本組成元件與力載子，一切都變得更加和諧、更加對稱。

如圖6·5所示，超對稱粒子在其符號上方以波形符（～）標記，該圖是擷取自一部很棒的紀錄片《狂熱分子》（*Particle Fever*）。對於與費米子相關聯的超伴子，我們在該費米子名稱前加一個s，就得到其伴子的的名字，s是用來強調它們的超對稱特徵。sbottom（純量底夸克）即與bottom quark（底夸克）相關聯，stau（伴τ輕子）則與tau lepton（τ輕子）相關聯。這個模型因此挾帶了一大堆新的玻色子，稱為「純量夸克」（squark）和「伴輕子」（slepton）。

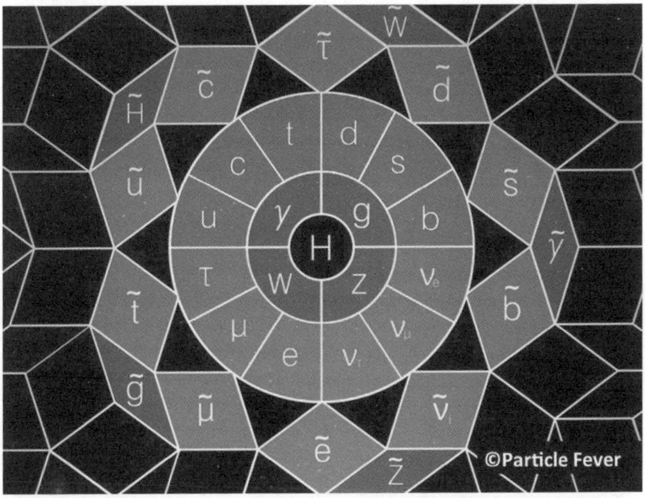

圖6.5 超對稱建立在標準模型之上，並在已知粒子之外加上一大堆新的粒子。

資料來源：馬克·列文森（Mark Levinson），紀錄片《狂熱分子》。

*譯註：發音類似「蘇西」。

與標準模型的玻色子相關聯的超對稱粒子是伴膠子（gluino）、伴光子（photino）、伴W子（Wino）、伴Z子（Zino，某些時候會改用Bino，伴B子）、伴重力子（gravitino）、伴希格斯子（Higgsino）；他們都是費米子。藉由將電弱力載子的費米超伴子（即伴光子、伴W子和伴Z子）與伴希格斯子相「結合」，我們可以得到叫做「伴電荷子」（chargino）的帶電荷粒子，以及叫做「伴中性子」（neutralino）的電中性粒子。超對稱中還有五種不同的希格斯玻色子，這點我們很快會討論到。超對稱因此將一整個獸群的超對稱粒子加到了標準模型的粒子動物園中。這是該理論的一大缺點，基本粒子的數量將比原本的兩倍還多，離簡化之夢亦更加遙遠。向前走了一步，但卻後退了兩步。

但是超對稱有兩個主要的優勢。首先，頂夸克的兩個超伴子，即純量頂夸克（stop），可以抵消頂夸克對於希格斯玻色子理論質量的巨大修正所產生的影響。第二個同樣也很重要的是，如果我們假設一種稱為「R宇稱」（R-parity）的性質是守恆的，那麼最輕的超對稱粒子就恰好具有我們所預期的暗物質粒子的特徵。R宇稱這個性質並不是新東西，因為標準模型的粒子也具有R宇稱守恆。

R宇稱的作用有點像某些紙牌遊戲（例如「紅心」〔Hearts〕，也叫作黑夫人〔Black lady〕）當中壞牌（evil card）的傳遞，玩牌的人必須避免拿到黑桃皇后（The Queen of Spades）。如果無法把這張牌傳給別人，擺脫黑桃皇后，那麼這個人會被卡住。且連失好幾分。同樣地，R宇稱守恆規定超對稱粒子只能衰變成至少一個其他的超對稱粒子。因此，最輕的超對稱粒子（lightest supersymmetric particle，或簡稱LSP），也就是衰變鏈中最後一個粒子，就不能衰變成任何其他的粒子，因此它是穩定的，它會永遠存在，就像暗物質粒子一樣。最輕的超對稱粒子有可能就是大家最想找的暗物質粒子。因為暗物質粒子不能帶有電荷，否則暗物質會發光，因此它必須是電中性的。在幾個超對稱模型中，理想的暗物質候選是最輕的伴中性子。

總而言之，藉著統合標準模型的費米子和玻色子，超對稱最初被認為是為理論帶來和諧一致的一個方法，它解決了階層性問題的其中一些面向，例如希格斯玻色子理論質量的問題。然而，超對稱真正非凡的地方在於，這個當初緣於完全不同的原因而建構的新理論，由於它恰巧預測了具有暗物質粒子特徵之新粒子的存在，竟然可以解決暗物質這個大難題。這一點解釋了該理論之所以會如此熱門的原因，因為它一石二鳥。但可惜的是，即使超對稱被發現了，它也不會是最後的答案，因為它還是沒辦法統一所有的力：它把重力放在一邊，就跟標準模型一樣。

有沒有人看到我的超對稱粒子？

如果超對稱理論跟它看起來的一樣神奇，那麼為什麼到目前為止還是沒有任何一個它所假設的諸多粒子被發現呢？有幾個可能的原因，當然最簡單的原因是這個理論根本是錯的，所以超對稱粒子根本不存在。如果真是如此，那麼我們就需要另外一個理論來解決標準模型的問題。新的實驗發現將有助於理論家走往正確的方向。理論與實驗研究總是一起進步，相互激勵。總之，理論物理學家們相信他們需要一個可以超越現在的模型的新理論，儘管他們還不知道要怎麼做。

雖然我們尚未發現超對稱粒子，但超對稱仍然是一個完全合理的假設。由於各種原因，超對稱粒子有可能躲過偵測。或許我們實驗物理學家沒有在對的地方找粒子，也可能是沒有用正確的方式尋找，也或許超對稱粒子太重，超出了目前我們加速器的限制。在大強子對撞機二〇一五年以更高的能量（13 TeV的能量，而非二〇一二年的8 TeV）重新啟動之後，我們現在有更大的機會可以發現超對稱粒子，並提供更多的數據（圖6.6）。而如果我們還是找不到超對稱粒子，那麼我們就可以對超對稱粒子設立新的限值，這些限值將有助於我們將重點放在剩下的可能性上面。

諸多自由參數與數個模型

跟SUSY一起工作並不容易（我沒有特別暗指任何人）*。超對稱主要的缺點是什麼？它包含了許多未定義的參數，並且有各種不同的模型。其中一個模型叫做最小超對稱標準模型（Minimal Supersymmetric Standard Model，MSSM的簡稱），它包含了一百零五個自由參數。這些參數包括了像是超對稱粒子的質量及其耦合之類的物理量；耦合是跟超對稱粒子的產生頻率與衰變成其他粒子的

圖6.6 一位物理學家正在緊緻緲子螺管偵測器的控制室值班。儘管超導環場探測器和緊緻緲子螺管偵測器實驗迄今為止已收集到龐大的數據量，但仍然沒有任何跡象顯示超對稱粒子的存在。
資料來源：歐洲核子研究組織。

機率相關的物理量。我們因此有一百零五個參數，每個參數都可以隨意套用任何的數值。

一個參數有點像是一個維度。想像我們試圖在阿爾卑斯山區尋找一群失蹤的登山客，我們必須檢查地圖上覆蓋全境的每一個「點」（例如每十碼或每十公尺）。因此，如果我們不知道確切的緯度和經度，在甚至像阿爾卑斯山表面這樣的二維空間（即具有兩個自由參數的空間）中尋找登山客，便需要檢查數量上龐大驚人的潛在區域。而在一個具有一百零五個維度的空間當中，我們需要指定一百零五個參數的值以對目標定位。想像一下，如果我們不知道這一百零五個參數當中的任何一個，要如何才能找到目標？需要檢查的點的數量將會是天文數字。

一方面，超對稱性並不指定這些量可以採用哪些值。另一方面，一旦這些參數是已知的，或者一旦我們固定它們的值，所有粒子之間的關係就被精確地確定了。由於我們沒有測量過任何一個參數，唯一合理的做法就是根據我們已知的事實作推測，也就是賦予這些參數我們認為最有可能的值。因此理論物理學家們套用了各種合理的限制，例如限制登山客的搜尋範圍到只搜尋乾地，如此一來，除了排除所有已經搜索過的地方，也排除了所有的湖泊。這正是我們採用的方法：藉由排除不可能的區域來限制超對稱粒子的搜尋範圍。物理學家不得不作出假設以縮小搜尋區域，這也就是為什麼會有各式各樣超對稱模型的出現。每個模型都代表了基於不同的假設、為限制搜尋區域所作出的嘗試。

＊譯註：此為雙關，超對稱的簡稱「SUSY」聽起來像人名「蘇西」，如果把SUSY當人看，意思就變成「很難跟蘇西共事」。

最小超對稱標準模型的一個子集稱為「約束最小超對稱標準模型」（Constrained MSSM，簡稱CMSSM），它只保留了少數的自由參數，是專為大程度地簡化模型而建構的。這個理論的代價是必須做出困難的抉擇，利用各種的假設來固定其中幾個參數的值。這相當於假設迷路的登山客不喜歡起司，因而可以放棄對於大片區域（例如整個瑞士）的搜尋。約束最小超對稱標準模型正逐漸失去物理學家對它的支持，因為實驗結果往往將該模型排除在外。今日技術層面上也發生了很大的變化，因而導向了新模型的發展，這些新模型將考慮到失蹤登山客的真實特性，而非建立在救援人員的假設之上。

理論的進展

最近希格斯玻色子的質量被測定，這個實驗結果在現有的理論模型之上施加了新的約束（constraint），從而在新種類的現象學（phenomenological）模型——稱為「現象學最小超對稱標準模型」（pMSSM）——的發展中發揮了決定性的作用。顧名思義，這些模型是以現有實驗數據中取得的約束（即觀察到的現象）作為基礎而發展的，因為任何理論模型都必須要能夠複製實驗數據。根據不同的模型，最小超對稱標準模型的一百零五個參數可以被化約到十九或二十個。這些模型具有奠基於更實在、更穩固的基礎上的優勢。

幾個團隊的理論物理學家和實驗物理學家結合了所有最近以及過去的實驗結果，以決定哪些區域仍然容許存在於現象學最小超對稱標準模型中，這個模型雖然已經是經過化約的了，但仍然很大，有十九或二十個參數空間。要做到這一點，他們首先列一張表，羅列出在這個多維空間中所有可能的點。這張表對應於所有假定的超對稱粒子的數兆筆質量和耦合[1]的容許值。在這個階段，我們還沒有賦予這十九或二十個參數任何的值。在搜尋失蹤登山客的這個例子中，該步驟對應於羅列出涵蓋阿爾卑斯山整個區域所有可能的位置（每十碼或每十公尺）。

第二步是施加所有已知的實驗約束，以查看在這些所有可能的點當中，哪些點仍然容許存在。這是通過測量 Z、W 和希格斯玻色子的特性而做到的，這些測定來自於高精度的重夸克衰變實驗、宇宙學實驗、所有在大強子對撞機和其他地方對超對稱粒子的直接搜尋、以及地底下的暗物質搜尋實驗。在救援團隊的這個例子中，我們在這個階段會剔除所有已經察看過的區域。

這項技術的缺點是需要大量的計算來測試這十九或二十維空間中的每一個點，但是這個方法容易讓我們看出超對稱粒子仍然可以藏身的位置，而且它真的有用。數個團隊使用這個方法，已經能夠告訴我們大幅受限的超對稱模型類別（例如前面提到的約束最小超對稱標準模型）現在已極不被看好，因為它們受限於非常少數的容許參數值。最強而有力的約束來自於超導環場探測器和緊緻緲子螺管偵測器對於質量超過1 TeV的純量夸克所做的實驗，而他們並沒有找到任何直接證據（1 TeV是二〇一二年發現的希格斯玻色子的質量的八倍）。同樣的方法可以應用於最近的現象學最小超對稱標準模型，這些應用在另一方面顯示了仍然有許多容許的參數空間，在這些空間中有一個或多個超對稱模型

1　如前所述，「耦合」與這些粒子在大強子對撞機中的產生機率有關。

可以存在，儘管這個空間也更加受限。

由於這個方法結合了實驗結果和理論知識，我們現在可以將幾乎無限數量的可能性縮減到相對來說相當小的數量，從而使實驗物理學家更能夠集中搜尋範圍。除此之外，這個方法實際上也已經排除了幾個無法正確描述現實的模型。

大強子對撞機中的超對稱粒子的特徵

大強子對撞機能夠幫上什麼忙？正如我們在第三章中所看到的，加速器的周圍設置了大型偵測器，像龐大的照相機一樣，記錄其所產生出的不穩定粒子如何分裂。所得到的快照容許物理學家測定每個碎粒的起點、方向和能量，好讓他們能重建和辨識原粒子。尋找超對稱粒子非常類似於在第五章最後描述的暗物質粒子的搜尋，原因在於最輕的超對稱粒子有可能就是大家最想找到的暗物質粒子，這種獨特的粒子對偵測器來說是隱形的。

圖6．7的示意圖說明了超對稱粒子的典型衰變鏈。如果我們假設R宇稱是守恆的，那麼超對稱粒子永遠都會在大強子對撞機裡面成對產生。每一個粒子都會依照類似於這張圖所描述的衰變鏈分裂。黑線代表超對稱粒子，而標準模型粒子則由紅色顯示。這一連串的衰變終結於最輕的超對稱粒子，這裡假設是伴中性子。這類的事件不僅會透露出大量的能量缺失，而且也包含過程中產生的幾個普通粒子，這些普通粒子對於大強子對撞機的偵測器是可見的。因此，主要的策略是尋找對應於隱形粒子的大量缺失能量的事件（如前一章所述），根據不同的模型，這些事件會包含數個標準模型的粒

子。這個腳本可以有極多的變化，每一個變化對應於每一個理論物理學家所提出的特定假設。因此，數百位超導環場探測器和緊緻緲子螺管偵測器的物理學家正在探索許多可能的情境。

倘若大強子對撞機中對撞質子束的能量只足以產生最輕的超對稱粒子，這樣的事件就只會包含不可見的粒子，我們就沒有辦法偵測到這些粒子。但如果這些隱形的粒子伴隨著其他東西一起產生，我們就有機會可以捕捉到它們，就如同第五章裡「大強子對撞機中的暗物質」一節所述，入射的夸克或膠子發出一顆光子或膠子。緊緻緲子螺管偵測器和超導環場探測器實驗團隊採用了許多策略來尋找超對稱粒子，其中一個策略是尋找包含大量缺失能量（對應於這些不可見的粒子）、同時也包含其他粒子（例如單束強子噴流或單顆光子）的事件。

這聽起來很熟悉嗎？確實如此，這樣的特性非常類似於我們在上一章中看到的隱形的暗物質粒

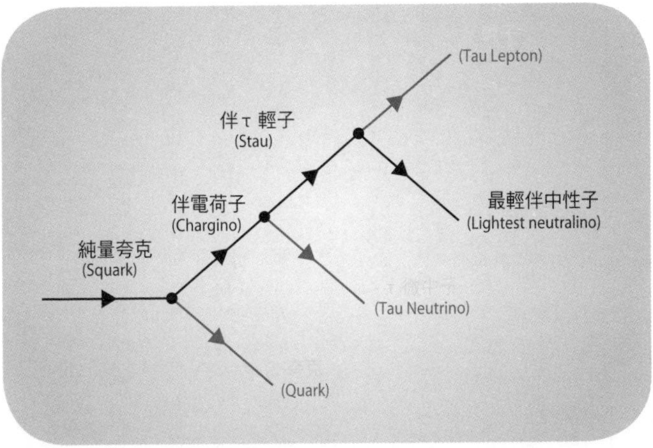

圖6.7 典型的超對稱粒子衰變鏈。每個超對稱粒子只能衰變成另一個較輕的超對稱粒子（在此由黑線表示）和一個普通粒子（以紅色表示）。如果我們假設R宇稱是守恆的，那麼一連串的衰變會終止於最輕的超對稱粒子（在本例中為伴中性子）。這樣的事件因此會包含幾個普通粒子以及大量的能量缺失（對應於躲過偵測的最輕超對稱粒子）。

資料來源：費米實驗室（Fermilab）。

子。如果在所有背景過程的超出中都能夠發現這類事件，那麼這些事件將揭露一個新粒子的存在。要確定該新發現的隱形粒子對應於超對稱與否，最簡單方法是找到其他的超對稱粒子。

希格斯玻色子是超對稱粒子嗎？

由於我們現在已經測定了它的自旋，我們知道二〇一二年七月所發現的新粒子正是希格斯玻色子，但我們還不知道它究竟是哪一種希格斯玻色子。是標準模型所預測的那種獨一無二的玻色子嗎？還是超對稱所假定的五種希格斯玻色子當中最輕的那一種？這個問題只有在我們發現其他超對稱粒子時才能得到解答，因為最輕的超對稱希格斯玻色子和標準型的希格斯玻色子具有幾乎相同的特徵。在此期間，我們所能做的就是以最高的精密度，測量這個新玻色子的所有性質。我們已經毫無疑問地確定了它的自旋是零，這是希格斯玻色子獨有的特徵，我們仍然必須極為準確地測量它的每個衰變道，並確認每種類型的衰變都與標準模型所預測的完全相符，任何顯著的偏差都可能透露出模型的瑕疵。

自從希格斯玻色子被發現以來，我們已經證實了它會衰變成玻色子（光子、Z和W玻色子）。二〇一四年，緊緻緲子螺管偵測器和超導環場探測器所提供的證據顯示希格斯玻色子也會衰變成費米子，也就是底夸克–反底夸克對、或者是τ輕子–反τ輕子對，這個結果根據的是二〇一三年技術停機以前收集到的所有數據（更多細節請見第十章）。自二〇一五年以來，以更高能量收集到的數據現在被用於改進測量，並且將有助於澄清希格斯玻色子的真實性質。到目前為止，所有的測量都符合標準模型所預測的希格斯玻色子的性質。舉例來說，我們已經測量了各種衰變道的機率，並將之與標準模型預測的值進行比較。

圖6．8中的圖表顯示了緊緻緲子螺管偵測器實驗測量的幾個希格斯玻色子衰變道的值。圖上的每一個點代表一個衰變道，目前已經量測了五個衰變道。數值1.0代表我們所量到的值與理論預測的值完全相同。如果模型是精確的，對於每一個衰變道我們應該都會得到1.0的值。在考慮到誤差界限後，不管是單獨看或是合起來看，所有這些衰變道其實都得到與1.0相容的值。合併值1.0±0.13[2]對應於這五個衰變道的平均值，碰巧落在我們所預測的理論值上。如果我們得到的是在0.13的誤差界

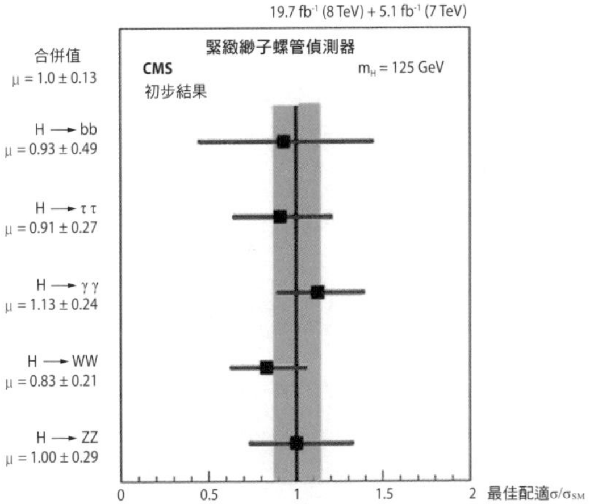

圖6.8 二〇一四年七月緊緻緲子螺管偵測器實驗團隊發表的五種已知的希格斯玻色子衰變道的實驗結果。如果我們觀察到的是標準模型所預測的希格斯玻色子，那麼每個衰變道的值會是1.0。所有的測量值確實與1.0的值一致，都落在綠色直條顯示的誤差界限內。

資料來源：緊緻緲子螺管偵測器。

2 這裡所引用的實驗結果是緊緻緲子螺管偵測器和超導環場探測器在二〇一四年七月西班牙瓦倫西亞（Valencia）舉行的ICHEP學術研討會上所發表的。

限內（以綠色直條表示）的任何值，其結果都是一樣的好。同樣地，超導環場探測器實驗團隊也得到所有衰變道的合併值1.30±0.19，也是落在理論預測值1.0的誤差界限內。然而，儘管我們沒有看到任何異常現象，實驗誤差界限仍然太大，以至於無法下明確的結論。我們需要累積和分析更多高能的事件，才能終結這一線的調查。這項工作仍在進行當中，但會需要所有的大強子對撞機的數據（也可能是更強大的加速器）才能全部完成。

緊緻緲子螺管偵測器和超導環場探測器的物理學家已經詳細檢視了二億五千萬筆事件，每一筆都是從尋找超對稱粒子的實驗中收集到的，但徒勞無功，這兩個研究團隊都測試了數十種不同的方法，並且不斷探索新的可能性。只是為了讓你感受一下實驗團隊到目前為止所做的努力，請看圖6·9中的表。第一欄列出了超導環場探測器研究團隊所進行的五十項不同的分析，緊緻緲子螺管偵測器也做了同樣多項的分析。水平的綠色和藍色橫條給出各項特定分析下，超對稱粒子可能質量的排除範圍上限，各項特定的分析所針對的超對稱粒子都不同。即使沒有看細節，也很快就能了解到：如果超對稱還沒被發現，原因不會是因為缺乏嘗試。但是超對稱還沒有蓋棺論定它的效度，而大強子對撞機已經在二〇一五年重新啟動，我們相信超對稱粒子還是有很大的機會出現。如果事實證明超對稱粒子真的存在的話，會跟踏入一個新的有生物棲息的行星一樣令人驚奇。

平行世界

有一群非常認真的理論物理學家建構了一個驚奇的暗物質理論[3]。這個理論結合了「隱藏谷」（Hidden Valley）的想法：隱藏谷將兩個平行演進的世界分隔開來[4]，一邊是我們所知的物質世界，包含了所有的標準模型粒子以及超對稱所假定的粒子（儘管這些粒子仍然是假想的）；另一邊則出現一個平行的「暗世界」（dark world），其中包含了暗物質粒子，如圖6．10所示。垂直軸表示粒子的質量，每條水平線則表示每一種給定質量的粒子，因此最重的粒子位在最輕的粒子之上。

如果我們假設該理論可以產生重的超對稱粒子，我就有可能在大強子對撞機測試這個想法。這些粒子會經過一連串的衰變，直到它們衰變成最輕的超對稱粒子。最輕的超對稱粒子將成為「信使」（messenger）（左上方淡黃色水平箭頭），能夠穿越隱藏谷，就像穿過隧道一樣，它接下來會逃到一個平行的宇宙（暗區），這個世界對於我們而言是隱形的。

在暗區中，這個粒子將不再是最輕的粒子，因此它可以再次衰變成一連串的暗粒子，直到生成所有暗超對稱粒子當中最輕的粒子。這個最輕的暗超對稱粒子將成為另一個信使（下方淡黃色箭頭），能夠再次穿越隱藏谷，回到我們的世界中，它可以衰變產生許多對的輕粒子，例如電子和緲子。這個理論毫無疑問證明了粒子物理的世界無需嫉妒科幻小說。

3 原文可以在此找到 http://arxiv.org/abs/0810.0713

4 我並沒有虛構此事，請見：http://arxiv.org/abs/hep-ph/0604261.pdf

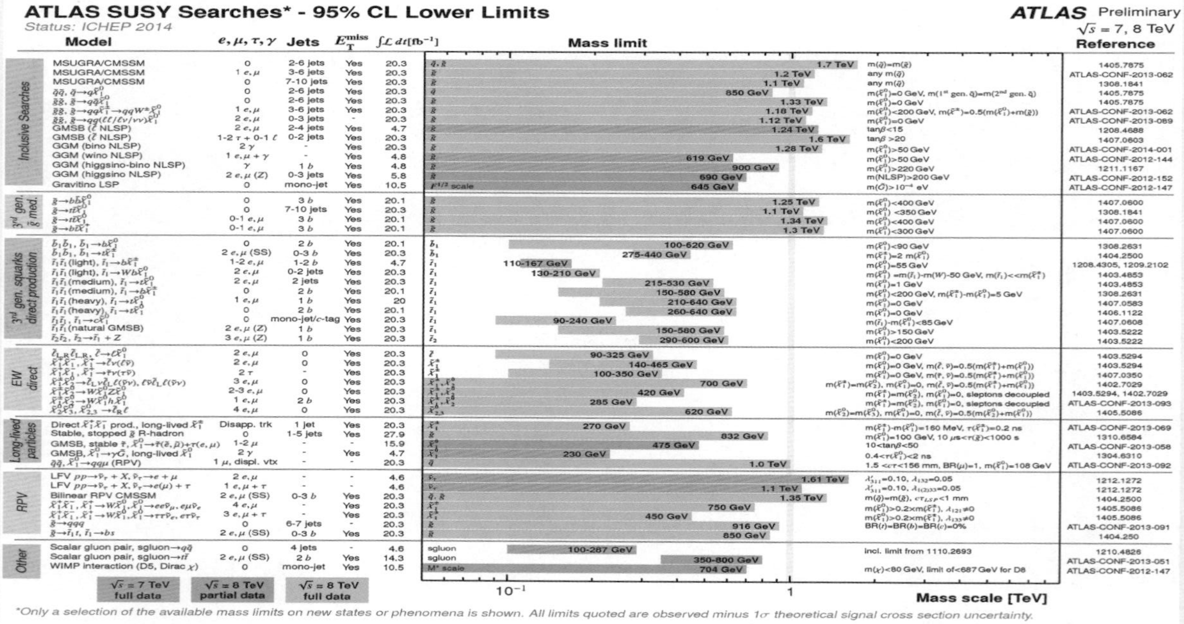

圖6.9 尋找超對稱粒子所進行之分析的列表，這張表很長但也還不完整。超導環場探測器所研究的這五十種可能性都沒有透露出新粒子的存在。這張圖顯示了到目前為止這些粒子已被排除的質量值。

資料來源：超導環場偵測器。

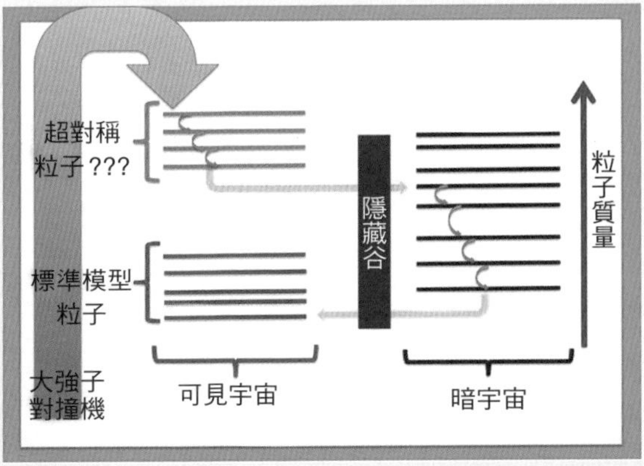

圖6.10 假設大強子對撞機可以產生重的超對稱粒子，這些重超對稱粒子可能會經歷一連串的衰變，直到產生出最輕的超對稱粒子。一些理論認為這個最輕的超對稱粒子可能是某種能夠在我們的世界和另一個平行宇宙之間旅行的「信使」。

資料來源：寶琳・甘儂。

直到不久之前，我都還是超導環場探測器尋找這個隱藏谷跡象的實驗物理學家之一。我們篩選出包含有電子對和緲子對的事件，可惜並沒有發現任何高於預期背景雜訊水平的超出。圖6．11是一個超導環場探測器收集到的事件，它顯示了我們當時在尋找的一種特徵：產生出一群群攜帶大量能量的電子群（綠線

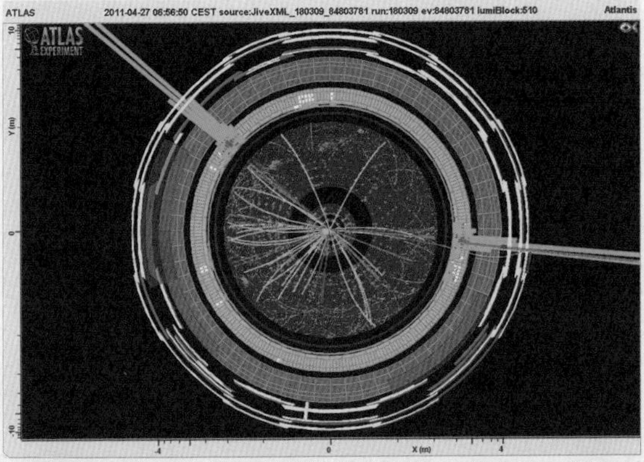

圖6.11 超導環場探測器實驗捕捉到的一個事件，這個事件是為尋找一種特定的粒子所篩選出的，這種粒子來自假想粒子的衰變，它可以作為信使，穿梭於我們的世界（由所有標準模型粒子和超對稱粒子組成）和另一個平行世界（由暗物質組成）中。這個信使可能會衰變，產生出高能的電子噴流或緲子噴流。我們並沒有發現任何事件的超出，圖中這一筆事件很可能來自一些背景過程。

資料來源：超導環場偵測器。

顯示）。這些電子的軌跡幾乎會是直線，因為在高能狀態下它們的速度快到磁鐵無法將其軌跡彎折。

這些搜尋正在大強子對撞機和許多其他實驗（也許更可能找得到）中持續進行著，我們不斷改進分析方法、發展新的策略，如果暗物質會和普通事物起交互作用，我們終究會找到它。

重點提要

儘管其高度精確的預測和無可否認的成功，標準模型卻充滿了漏洞。最顯著的漏洞是它不包含對應於暗物質的粒子，也不能解釋宇宙中物質和反物質之間的不對稱性（即無法解釋反物質為何消失無蹤），因此理論物理學家們知道必定有一個更全面的理論。其中一個將使我們往前一步、達到我們所謂「新物理」的熱門理論是超對稱，又稱SUSY。這個理論解決了標準模型的一些問題，還附送一個意外收穫，它預測了一群新粒子的存在，其中一個新粒子具有暗物質的特徵。但超對稱並不全然是完美的，其最大的缺陷是它還沒有被發現。我們雖然已經做出了相當大的努力，但是仍然沒有發現任何超對稱粒子，儘管還是有許多尚未被探索的可能性。當然，如果這些粒子非常重的話，它就不可能出現在以8 Tev能量運行的大強子對撞機裡面，我們只能希望大強子對撞機自二〇一五年以更高的13 TeV能量重啟之後，能夠帶來令人興奮的驚喜。

第七章　基礎科學研究能給我們什麼好處？醫學、精密機械和能源上的突破

粒子物理學的基礎研究當然是非常有趣的（或者，我希望我已向你們展現出粒子物理學的有趣之處），但它也是很昂貴的。舉例來說，歐洲核子研究組織大強子對撞機的建造成本（包括人員、儀器研發和建造材料）約為三十億歐元（即約三十三億美元）。超導環場探測器本身的建造費用為4.55億歐元（五億美元）。儘管這個數字看起來很大，但歐洲核子研究組織8.25億歐元的年度預算（約九億美元）只相當於每個年紀大到可以喝咖啡的歐洲公民喝一杯咖啡加總起來的費用。

但是這筆金額還是很龐大，所以每個人都有權利詢問這筆錢是不是花得值得。在這一章中，我將解釋投資於研究的經費不僅在經濟上帶來百倍以上的回報，而且可以造福整個社會。由於基礎研究帶來了科技上的突破，醫療技術和通信技術因而有所進步。物理學基礎研究徹底改變了我們的生活方式，而且改變還在持續當中。

在本章中，我主要以歐洲核子研究組織作為例子，因為它是目前最大且仍在運轉當中的國際性粒子物理學研究實驗室。日本的J-PARC是一個多用途研究中心，他們也使用質子加速器。其他實驗室，如美國的SLAC和費米實驗室以及德國的DESY一直到不久以前都還是非常活躍的粒子物

理學研究中心，但他們的加速器目前已經停止運作。費米實驗室的主注入器（Main Injector）則仍在運轉中，為MINOS、Minerva和NOVA實驗供應微中子束。其他實驗則正在等待批准或仍在前置興建階段。還有其幾個較小的研究中心，例如加拿大薩德伯里的微中子觀測站實驗室（SNOLAB），日本的高能加速器研究機構（KEK）和義大利的Gran Sasso，這些研究中心都是專門研究微中子物理和暗物質搜尋。最近，有參與粒子物理學研究的所有國家決定在大型國際實驗合作計畫中共享資源（例如歐洲核子研究組織正在進行中的實驗合作計畫）。

粒子物理學基礎研究的回報並不必然都是直接的。舉例來說，目前沒有人知道希格斯玻色子將來會不會有實際的用處，很可能不會！我們並不是因為期待希格斯玻色子能夠解決人類的大問題而做這個研究的。相反的，該研究的目的，是為了能更了解我們周遭的物質世界，並將提高我們的知識層次。

圖7.1 每年有來自約五十個不同國家的二百五十名學生參與歐洲核子研究組織的暑期課程。這些學生不僅各種研究中都有所貢獻，還與來自世界各地的年輕人交流。

資料來源：歐洲核子研究組織。

所以說，基礎研究實驗室的首要任務是滿足人類對知識的深度渴求。自從人類存在以來，人們一直都想知道自己的起源和命運。但這些實驗室其實還有其他三個主要目標：為科技發展作出貢獻、培養高度專業的人力以及（就國際實驗室而言）透過科學研究促進和平與國際合作（圖7・1）。

不過，我們不該低估任何新發現的潛力。誰能預言一百年前物理學家在電子和電磁波上的研究，會對我們今日的生活產生如此驚人的影響呢？一件軼事（即便它有點爭議）可以用來說明這一點。據說英國財政大臣（即財政部長）曾質問法拉第（Michael Faraday）他的電學研究是否有任何潛在用途時，法拉第顯然回答說他不知道可以做什麼用，但法拉第補充說：「先生，將來有一天你可能可以課它的稅」。

電子和電磁學的研究帶來了電子用品、電信和電腦的發展。過去幾個世紀中，物理學家的研究成果和技術人員和工程師的專業知識相結合，並將發現應用在現實中，進而重塑了我們的日常生活。如果沒有物理學的基礎研究，我們今天就會靠燭光閱讀。正如一位同事向我指出的，我們肯定會有非常漂亮的蠟燭，但就只是蠟燭。基礎研究不僅對我們的生活產生重大影響，而且也啟蒙了我們的精神，使人類擺脫了無知的沉重負荷。

不管在理論還是在實驗，好奇心都引導了基礎研究。基礎研究必須不受到限制，使想像力和創造力得以自由流動。縱使無法保證一定能夠發現什麼，但物理學家必須檢視所有的可能。另一方面，應用研究的目的，在於為具體的問題找出實際的答案，它以基礎研究為本，帶來了科技突破，並有更進一步的發展。物理科學應用於其他學科之中，也在各個工業領域當中扮演了重要的角色。從經濟的角度來看，物理學影響著整個社會，我們在本章中將看到，物理學在各領域、各方面的成績，已在日常生活當中影響我們每一個人。

經濟回報

已有幾份研究試著評估基礎研究對經濟所帶來的影響。經濟與商業研究中心[1]（the Centre for Economics and Business Research，簡稱CEBR）為歐洲物理學會（European Physical Society）所做的研究很具啟發性。這份研究是從科技和科學的角度評估基礎研究對歐洲物理學的產業所造成的影響。因此，它涵蓋了所有仰賴電機工程、機械和土木工程、能源、計算、通信、設計製造、運輸、醫學和航空的經濟活動。

二〇一〇年的統計指出，仰賴物理學的產業共為歐盟的二十七個國家、瑞士和挪威創造了三兆八千億歐元的收入（圖7．2），相當於這些國家總收入的15％左右，超越了零售業的總額。總共有一

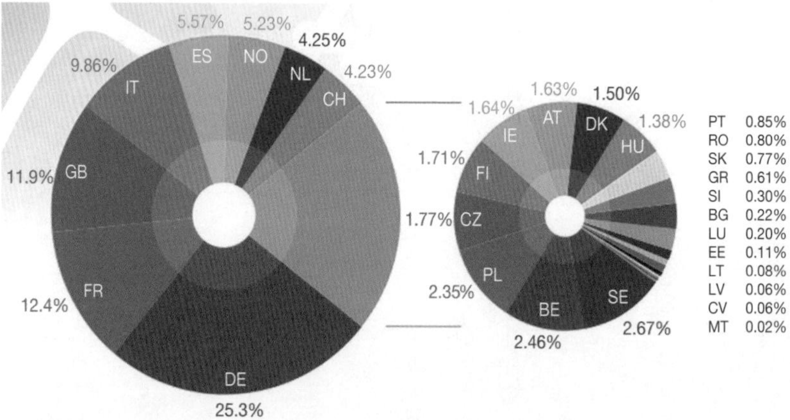

圖7.2 仰賴物理學的產業對於歐洲各國總收入之貢獻的百分比。這些國家以其雙字母代碼表示：DE為德國、FR為法國、GB為英國、IT為義大利、ES為西班牙、NO為挪威、NL為荷蘭、CH為瑞士等。
資料來源：歐洲物理學會。

千五百四十萬人在這個產業工作，也就是歐洲總勞動人口的13%。

促成科技發展

正如我們在整本書中所看到的，當今粒子物理學的研究需要高度精密複雜的工具才得以進行。通常在設計階段，大型實驗所需的技術並不存在，這些技術必須在過程當中被開發出來，特別是像大強子對撞機這樣二十年前就開始籌備規畫的超大型計畫。大強子對撞機的建造工程，使得若干技術超越當時的疆界，過去從不曾有任何儀器會用到如此強大的超導磁鐵，更不用提這整個計畫的規模，超導、極度真空和極度低溫相關的技術都因此而有很大的進展。

大型實驗合作計畫的所有測量設備也是如此，大強子對撞機所使用的偵測器都需要更高的抗輻射能力以及更高性能的電子模組，在承受極端輻射水平的同時，還要能夠高速與大量採集數據。這個需求提供了建造網格（Grid）的動力，網格是一個龐大的計算機網絡，串聯了成千上萬台遍布在世界各地的電腦，提供了大強子對撞機實驗所需的計算能力。

技術方面的進步已化為現實，並應用在各式各樣的產業中。簡單舉幾個例子，這些應用包括了配有光纖的濕度感測器、使用永久磁鐵之引擎的隔膜系統、設計印刷電路板的開放原始碼軟體，以及3D列印的附加處理技術。

1 可於此網站取得這份報告：http://www.eps.org/?page=policy_economy

某些發現也對大部分地球居民的日常生活有直接影響。例如歐洲核子研究組織最成功的結果：全球資訊網（World Wide Web）。全球資訊網深遠地改變了我們取得訊息和知識的方式（包括在新興國家），從而影響到地球上數十億人的日常生活。

來自歐洲核子研究組織的最好的禮物

到目前為止，歐洲核子研究組織對人類最大的影響並不是發現了希格斯玻色子，而是發明了全球資訊網（World Wide Web，簡稱WWW）。全球資訊網是由提姆・伯納斯－李（Tim Berners-Lee）（圖7．3）和他的團隊於一九八九年開發出來，當時他在歐洲核子研究組織工作，而當初開發的目的是為了要解決一個影響到歐洲核子研究組織成千上萬名研究人員的問題。科學家們需要一個能有效交換訊息的通訊方式，大多數這些物理學家經常在他們自己的研究機構和實驗室之間穿梭，以參與各

圖7.3 提姆・伯納斯－李在歐洲核子研究組織工作時發明了全球資訊網。這張照片攝於一九九四年，當時他正坐在一個電腦螢幕前面，而螢幕上顯示的正是世界上第一個網頁。根據資料，全球資訊網每年刺激了市值1.5兆美元的商業交易量。

資料來源：歐洲核子研究組織。

種研究活動。為了讓這些物理學家可以彼此交換訊息而不需在行李箱中拖著幾公斤列印出來的文件，全球資訊網於焉而生。

如果說伯納斯-李是一位有遠見的人，那麼我們也可以說歐洲核子研究組織具有非常前瞻的想法，決定將全球資訊網開放給全人類使用，而不要求任何版權收入。由於歐洲核子研究組織的研究是受到公共資金資助，因此我們也希望全球資訊網能使每一個人都受益。網路使得資訊可以在世界上任何地方流通和取得，誰能忽視這個溝通工具對我們的生活所產生的影響呢？

粒子物理學界有愈來愈多人認同「開源」（open-source）的觀念，例如像是知識可以自由、免費地共享，並且透過網路傳播開來。歐洲核子研究組織的實驗結果已經不再只發表在昂貴的專業期刊上，現今所有的資訊都可以在「開源」社群媒體中取得。不僅在科學出版方面是如此，有些軟體也是以合作和共享的精神和其他的機構、業界或社會共享。這樣可以確保來自新興國家的大學和機構不至於處於劣勢。

培訓高度專業的工作人力

世界上所有的物理學實驗室都參與了高度專業化研究人力的訓練。舉例來說，歐洲核子研究組織除了兩千五百名員工以外，還迎接一萬零四百名研究人員、博士生、工程師和技術人員前來研究。他們來自一百零一個不同的國籍，六十七個國家研究單位。

每年有各大洲的一千名高中老師前來歐洲核子研究組織參觀其設施和研究計畫。他們回去可以把學到的知識再傳給他們的學生。二〇一四年，歐洲核子研究組織還開辦了一項新競賽，邀世界上任何地區的高中生一同參與。到目前為止，希臘、荷蘭、義大利和南非的團隊都被邀請到歐洲核子研究組織實驗室進行他們自己的實驗。學生、研究人員和技術人員定期在不同時段實習。每年夏天，大約兩百五十名、來自世界各地的學生會來參加歐洲核子研究組織的暑期課程。這些年輕人不僅接受了基礎知識教育，還為實際的研究計畫作出貢獻。各個物理學實驗室也會為加速器、物理和計算領域中程度較高的學生開辦暑期課程，這都是各實驗室培訓任務的一部分。

由於粒子物理學領域的職缺非常有限，無論畢業生真正想要的工作是什麼，只有一小部分接受粒子物理學訓練的學生將來會從事粒子物理學研究，其他這些受良好訓練的人們將轉入金融、工業、通信和計算等各個領域，有一些提早退休的物理學家甚至還會撰寫科普書！

圖7.4 攝於二〇一三年九月的歐洲核子研究組織的參觀日期間，訪客正在探索緊緻緲子螺管偵測器的奧祕。

資料來源：歐洲核子研究組織。

所有物理實驗室都樂意向大眾敞開大門。單單歐洲核子研究組織每年就迎接超過十萬人次的訪客，舉例來說，二〇一三年就有來自六十三個國家的人來訪，其中40％是學生。一般人可能會覺得歐洲核子研究組織真的很喜歡訪客，因為它也在二〇一三年九月二十八日和二十九日舉辦了「參觀日」（open days）（圖7．4和圖7．5），吸引了來自五大洲七萬人特地前來參觀。幸運的是，有兩千三百名志工帶領其中的兩萬人進到地底下探索實驗設備。其他的人則可選擇參加其中的四十個活動，這些活動包括了與研究人員進行討論、參觀各種工作坊、參加短期研討會、或發掘一個迷人多樣的宇宙。「參觀日」大約每五年舉辦一次，所以有意願的人可以密切注意下一次的活動，這可是一個不容錯過的機會！若在其他時間想訪問歐洲核子研究組織，也可以聯繫訪客服務中心（Visits Service）。[2]

圖7.5 在參觀日期間，就有七萬人探訪歐洲核子研究組織所在的地底深處，比如照片中有能力將溫度達到接近絕對零度的低溫實驗室。到訪者可以嘗試這種小型超導「機車」，它漂浮在軌道之上，可以無摩擦力地移動。

資料來源：歐洲核子研究組織。

2 請參 http://outreach.web.cern.ch/outreach/visites/index.html

促進和平與國際合作

目前幾乎都是由國際團隊執行所有的粒子物理學實驗，這些研究計畫的規模需要國際合作和資源整合才能完成目標。歐洲核子研究組織即以這一點聞名，早在計畫擴大以前，實驗合作的精神就已經存在了。在一九五四年，歐洲核子研究組織，在聯合國教科文組織的支持下成立，「在第二次世界大戰之後，當歐洲淪為一片廢墟，所有一切必須重建之時」，一些科學家和外交官，包括弗朗索瓦・德・羅斯（François de Rose）（圖7・6）「了解到恢復基礎研究的重要性，特別是歐陸規模之合作的重要性，這是一大推動力」，這段話引

圖7.6 在他一百零三歲生日前夕，前法國大使以及歐洲核子研究組織創始人之一的羅斯先生訪問了超導環場探測器，並表示他為這個實驗室感到驕傲，他稱該實驗室為「歐洲偉大的成功」。就在出版了他的回憶錄《本世紀的外交官》（*A Diplomat In The Century*）之後，羅斯先生於二〇一四年三月去世。

資料來源：歐洲核子研究組織。

述自我的同事科琳・帕拉佛里歐（Corinne Pralavorio）獻給歐洲核子研究組織創辦人羅斯的悼詞中[3]。

十二個創始國[4]回應了這次呼籲。六十年後的今天，歐洲核子研究組織有二十一個成員國。總共有六十七個不同的國家會派遣科學家到歐洲核子研究組織參與研究。近年來，歐洲核子研究組織作出了重大的改變，現在不僅招募歐洲成員，也招募來自各大洲的新成員。以色列是開放以來第一個加入、成為成員國的國家，巴基斯坦和土耳其現在則是協同成員（Associate Member），羅馬尼亞和塞爾維亞也表達了希望成為正式成員的意願；與此同時，印度、日本、俄羅斯和美國已具備觀察員的身分，可以成為正式成員。成員國貢獻其國民生產總值的一部分作為歐洲核子研究組織的預算，並透過他們在歐洲核子研究組織理事會（CERN Council，該實驗室的管理機構）的代表來決定職責分配。而非成員國則對該國之科學家所參與的各項研究計畫有財務貢獻。

粒子物理學的實驗正是國際合作的典範。在這兒你會看到來自無邦交國家的科學家們，為實現共同目標而在同一項研究計畫中一起工作，這樣的情形並不少見。歐洲核子研究組織運作得如此成功，使其成為中東地區開辦類似實驗室的典範。SESAME研究計畫（Synchrotron Light for Experimental Science and Applications in the Middle East，中東實驗科學與應用同步加速光源計畫）是一座正興建於約旦的跨領域研究中心，他們將招募來自包括巴勒斯坦、以色列和巴基斯坦的研究人

3 該文來自於發表在歐洲核子研究組織布告欄上的文章 http://cds.cern.ch/record/1690337?ln=en

4 歐洲核子研究組織的十二個創始國是比利時、丹麥、法國、德國、希臘、義大利、荷蘭、挪威、瑞典、瑞士、英國和南斯拉夫。

員。而他們之中有一部份的科學家曾在歐洲核子研究組織接受訓練（圖7・7）。

知識轉移

基礎研究驅動創新。粒子物理學實驗需要最先進的技術，因而不斷地推動技術的進步。擁有新技術是好的，但如果能找到實際應用之法，並設法加以推廣，何嘗不是一件好事。實驗室非常清楚這一點，正在加倍努力不斷地改進。例如，歐洲核子研究組織章程之下有個知識轉移辦公室（Knowledge Transfer Office），它的目的在於列出整個實驗室所有的研究創新成果，然後試圖吸引商業夥伴。

知識轉移辦公室鼓勵所有技術人員、工程師和物理學家向其通報所有新的、有潛力的技術開發，該辦公室接著會申請必要的專利並向其工業夥伴宣傳，為這些技術開發增加附加價值。歐洲核子研究

圖7.7 物理學家蘇美拉・雅明（Sumera Yamin）以及卡立・曼蘇爾・哈珊（Khalid Mansoor Hassan）。他們是來自巴基斯坦國家物理中心（National Physics Center）的兩名科學家，他們當時正在歐洲核子研究組織實習，在那裡學會如何製作SESAME加速器所需的磁鐵。這張照片是和他們所完成的作業（第一個SESAME磁鐵）的合影。

資料來源：歐洲核子研究組織。

組織正在跟一些成員國討論建立「育成中心」（incubation center），最近在英國和荷蘭就設立了兩個像這樣的「想法育苗場」（idea nursery），另一個即將在希臘正式營運。

其目的是為幫助高科技產業的小公司取得歐洲核子研究組織所開發的專門知識和技術，並縮短基礎科學與工業之間的距離。與技術轉移相關的潛在合作和協議簽署的數量正在增加中，這些努力有助於縮短科學發現和實際應用之間的時間。否則就得像上個世紀的人們一樣，常常得等待幾十年才能看到基礎科學的回報化為現實。

一點點的小援助可以有很大的影響

歐洲核子研究組織將知識轉移的一部分收益重新投資於知識轉移基金（Knowledge Transfer Fund）中，該基金可用於支持最有前景的新科技計畫。幾年前，一名歐洲核子研究組織的前員工就從該基金獲得了經濟上的支持，他利用一項為大強子對撞機離子束所開發的超級真空技術，製作出更高效能的太陽能板（solar panel）。熱能太陽能板的原理是利用太陽能將水加熱，但當輸送熱水的水管不能完全絕緣時，其效能便大為減弱。其中一個改善絕緣的方法是將水管置於真空中，這類似於保溫瓶的絕緣方式。為了達到離子束管道所需的幾乎完美的真空，大強子對撞機早已開發出一種創新手法，能夠提供最佳絕緣。離子束管道中，有一種特殊的材料可以用來捕捉真空幫浦沒排乾淨的剩餘空氣分子。這種材料有點像是用來捉蒼蠅的老式黏蠅紙。剩餘的氣體分子會被黏到這種材料上，因此產生接近完美的真空狀態，從而阻絕熱流失。

這種太陽能板的效率比起傳統版本的要來得更好，現在日內瓦機場主航廈的屋頂就覆蓋了這種新型的太陽能板（圖7・8），它們保證了暖氣和空調的有效運作，甚至是在積雪或烏雲密布的天氣時仍表現良好。

醫藥和其他領域的應用

粒子物理學對醫學界的影響及應用是最令人印象深刻的。粒子偵測器和加速器中使用的方法已被應用在醫學儀器上。成像醫學特別受益於物理學研究，這個領域始於將X射線應用於X光片上，醫學成像技術，諸如掃描器、核磁共振顯影（MRI）和正子電腦斷層掃描（PET），所有這些應用都直接源於上個世紀物理學家在X射線、反物質、電子及其自旋以及電磁學等方面的研究。當時誰能想像得到它們能有今日的實際成果？

此外，放射性同位素（即放射性原子核）也被用於診斷和治療某些癌症（如甲狀腺癌）。歐洲核子研究組織—醫學同位素中心（即Medical Isotopes Collected from ISOLDE，簡稱CERN-MEDICIS）

圖7.8 多虧了為大強子對撞機所開發的超級真空技術，因而得以設計出效能更佳的太陽能板。其中一些太陽能板裝置在日內瓦機場，供電給暖氣和空調系統，即便在陰暗的天氣或是在一層厚厚的積雪之下，它們依舊表現良好。
資料來源：歐洲核子研究組織。

於二〇一四年落成，是一個致力於生命科學和醫學領域的全新物理實驗室，將為醫療領域開發新的放射性同位素療法。

放射性同位素療法的一個主要問題是，由於它們分裂得很快，因此只有位在生產放射性同位素實驗室附近的醫學中心得以使用。歐洲核子研究組織正與西班牙CIEMAT（一個致力於能源、環境和技術的研究中心）合作開發非常小的加速器，醫院將來有望隨院配備一台小型加速器裝置，在需要時生產其所需的小劑量放射性同位素。

對付癌症的新武器

全球約有一萬個粒子加速器用於醫療行為，它們可以將極大量的能量集中在空間中一個極微小的點上，其高度精密技術使之成為瞄準和殺死癌細胞的理想工具。

除此之外，目前已製造出新型的加速器，專門用於強子療法（hadron therapy），這是最新加入抗癌行列的科技，強子療法利用強子束（強子是所有由夸克組成的粒子〔例如質子〕的名稱）來照射器官，而非使用傳統放射線治療的X射線的光子。強子療法有一個很大的優勢，它可以更有效地摧毀癌細胞而不對行進過程中經過的健康組織造成影響（圖7．9）。目前在世界各地已有幾個強子治療中心在運轉中。美國費米實驗室的第一任主任鮑勃．威爾森（Bob Wilson）在一九四六年首先提出了質子療法的想法，並在一九五〇年代開始進行質子治療。費米實驗室的中子療法器材自一九七六年以來就一直持續地為病患服務。

兩個這種類型的醫學中心——義大利的國家癌症強子療法中心（Centro Nazionale d'Adroterapia Oncologica，簡稱CNAO）和奧地利的離子束治療中心（MedAustron）——與歐洲核子研究組織合作，開發出了他們所需的加速器（圖7·10和7·11）。歐洲核子研究組織目前仍在進行一個特別的研究計畫，以改進和簡化這些加速器所需的技術。數名年輕研究人員在接受歐洲核子研究組織的培訓之後，到各國醫學中心去工作。

反物質的研究甚至（在這個領域）也有所貢獻。在歐洲核子研究組織「反物質工廠」所進行的ACE實驗證實了反質子甚至比質子能夠更有效地消滅腫瘤。反質子不僅像質子一樣，可以在人體組織中的特定深度置入其大部分的能量，它們還可以與癌細

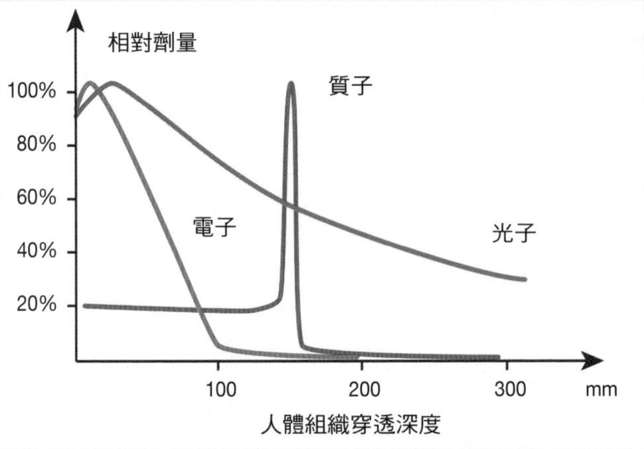

圖7.9 縱軸顯示各種粒子澱積之能量的百分比，作為橫軸上人體組織穿透深度（以mm為單位）的函數。傳統放射線治療所使用的是X射線，其缺點在於，如標有「光子」的曲線所示，源自X射線的光子會在路徑上損失大部分的能量，它們因此在達到標靶（位於一定深度的癌性腫瘤）之前會損害健康組織。而另一方面，強子治療中使用的質子則具有極大的優勢，它能在非常精確的深度置入幾乎全部的能量，我們因此可以對其進行精準調整，使之只消滅癌細胞，而不在經過路徑上損害健康細胞。電子在組織表面幾乎失去所有的能量，因此對於消滅位於器官內的腫瘤毫無效果。

資料來源：尚-弗朗索．埃洪（Jean-François Héron）。

胞原子中的質子湮滅，因此能在腫瘤中釋放出更多的能量，使得更多的癌細胞被消滅。

整個電子和電信領域則歸功於電子和電磁波的研究。多虧有這些研究，我們現在不僅有廣播和電

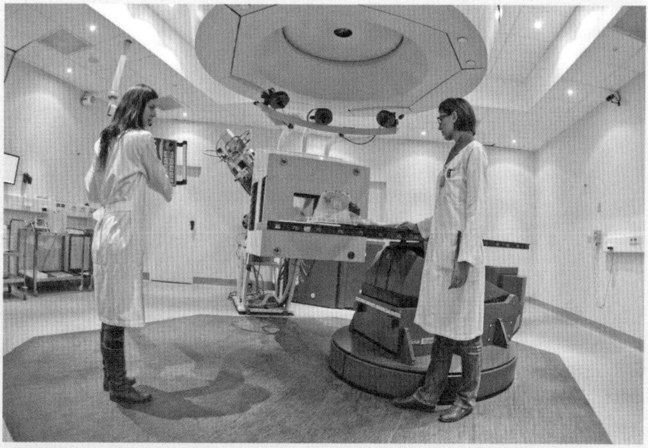

圖7.10 這是病人在義大利國家癌症強子療法中心接受強子治療時會看到的景象。
資料來源：國家癌症強子療法中心。

圖7.11 而這是藏在牆壁後面不讓病人看到的設備實景。這部加速器是該中心與歐洲核子研究組織一同合作開發出來的，目的是讓強子療法能更有效地消滅癌細胞。
資料來源：國家癌症強子療法中心。

視，還有手機、定位系統（全球定位系統〔GPS〕等）和衛星通訊，還有雷射和數位相機。現代電腦的核心是中央處理器（CPU，central processing unit），這是一個包含數百萬個電晶體的迷你晶片。從一九四七年出現的第一個電晶體到現在，迷你化的印刷電路技術已經取得了很大的進步，當時的電晶體具有非常令人印象深刻的尺寸（圖7.12）。

展望不久的將來，歐洲核子研究組織的工程師目前正在測試可以在「較高溫度」下運作的超導電纜[5]。由於超導體通常是在接近華氏-450度（攝氏-270度）的環境下運轉，這裡所指的較高溫度是華氏-420度（攝氏-250度）左右的溫度，但即使是以加拿大的標準來說，華氏-420度仍然相當的冷。這些測試的目的是想要使用超導電纜確認遠距離傳送電力而無任何能量耗損的可行性為何，這是傳統電力線中能量耗損的主要來源。歐洲核子研究組織和其他地方（例如在比利時）也在努力將高放射性核廢料轉化為傷害程度較低的物質。

圖7.12 一九四七年貝爾實驗室（Bell Laboratories）發明了世界上第一個電晶體，這是它的複製品。今天，一個電腦的中央處理器就包含了數百萬個迷你電晶體。

資料來源：維基百科。

那麼，物理學的基礎研究能帶給我們什麼呢？當然不會帶給我們任何可以吃的東西，但其回報仍然是極為可觀的。基礎研究持續具有重大的社會影響力，並且不斷地改變我們的生活和思考方式。

乾淨安全的核能

物理學研究是各項能源發展背後的推手。無論能量來源是太陽能、水力發電還是核能，我們之所以能夠使用電力，背後的原因都是源自於物理學研究的進步。核能電廠的運作基礎是核分裂（nuclear fission），這是重的原子核被分裂成兩個或數個較小的原子核的過程，核分裂時會釋放出大量的束縛能。可惜的是，這項技術是有高度風險的：它會對環境和後代造成負擔，因為沒有人真的知道該如何妥善處理放射性核廢料。而且，如果控制系統出現故障，核反應就會變得很危險，當問題出現時，事情往往以災難了結，如同車諾比事件和福島事件。儘管每一種電力生產方式都涉及風險（比如有多少人死於煤炭和石油的開採？），但這並不是身為一位物理學家的我能夠感到驕傲的回報。因此，開發更安全的替代能源是非常重要的。另一種類型的核能來源——叫做核融合（nuclear fusion）——的核反應研究正在進行當中，在核融合中，非常輕的原子核（例如氫）融合在一起形成較重的原子核，這正是太陽產生能量的方式。核融合可以產生甚至更大量的能源，而且沒有典型核分裂發電廠固有的危險。可惜這項技術極為複雜，而且也不是那麼安全，它所使用的一些材料還是具有放射性。然而，國

5 詳情請參閱 http://cds.cern.ch/record/1693853?ln=en。

際社會仍在法國南部的卡達拉舍（Cadarache）一個名為ITER的大型計畫中投入大量資金試圖發展核融合發電的研究。

其實還有第三個更具潛力的替代能源存在。這個方法使用粒子加速器在受控制的方式下誘導核分裂，可以使得核能以更安全和更乾淨的方式生產出，而不會製造放射性核廢料。這項技術所衍生出的一個變化叫作加速器驅動系統（Accelerator Driven System，簡寫ADS），這是由幾位物理學家所提出來的，其中一位包括一九八四年諾貝爾物理獎得主卡洛·魯比亞（Carlo Rubbia），他同時也是歐洲核子研究組織的前任總幹事。這項技術包括使用中子轟擊來激發非放射性原子核的核分裂，這些中子是通過將質子束瞄準汞、鉛或鉍的標的而取得的，該核反應是可以控制的。

圖7.13 比利時的一座核能研究中心SCK-CEN正在進行測試，他們正在開發一種新型的核反應爐，這個核反應爐將會使用現有核電廠的放射性核廢料作為燃料來生產能源，並中和這些核廢料的危險性。

資料來源：SKN-CEN。

與傳統的核電廠相比，加速器驅動系統反應爐不會有失控的風險，因為它們所使用的燃料要少得多，而且也需要仰賴外來的中子源以維持核反應的發生。這項技術因此完全是可受控制的，核反應在事故或自然災害的情況下可以隨時被終止。我們也可以調整能源的產量以呼應消費者的需求，而不會為了在尖峰時段供應足夠的電力而不斷地大量產電。此外，這項技術可能可以透過照射絕大多數現有的放射性廢料，而將其轉變成更易於處理的物質。

不幸的是，目前的核工業遊說團體正在拖延（不說是阻擋[6]）這項技術的發展。即使歐洲核子研究組織和其他地方進行的幾項實驗已經證明了加速器驅動系統技術的可行性（圖7.13），這些人只為了經濟考量而拒絕改變他們的路線。但一些科學家們仍堅持努力下去，並試圖爭取政治界和工業界的支持，有數百名對這項技術感興趣的科學家參加了二〇一三年十一月在日內瓦舉行的會議，許多人希望一個名為MYRRHA的國際合作計畫很快會在比利時北部的莫爾（Mol）開始營運，這個計畫將開發一個加速器驅動系統，能夠將現有核電場的放射性核廢料作為燃料燒掉。長遠來看，這個團隊應該會開發出一種乾淨且安全的新型加速器驅動系統反應爐。

這一技術正吸引了來自中國和印度等快速成長國家的興趣，因為這些國家的能源需求極大，讓我們期盼所有這些努力很快能夠創造出一個安全、且對環境友善的能源生產方式。

6 第四屆的世代國際論壇（Generation International Forum，簡稱GIF）在六種被保留的核反應爐類型列表中並沒有列出加速器驅動系統技術。該國際論壇包括了來自十三個不同國家的核工業代表，目的是為了推廣新一代的核反應爐。

重點提要

物理學的基礎研究不僅在經濟層面上影響社會，而且也深深地改變了我們的日常生活。即便不是所有的科學發現都能立即應用，但如果沒有科學研究，今天我們就不會有成像醫學、全球資訊網、電器用品、電腦和手機產品。以物理和科技為基礎的行業占了歐洲總收入的15%，並聘用了13%的勞動人口。物理學研究使我們不僅可以增加自身的知識，以及回答關於人類起源和命運等這些人類一直在探尋的深遠問題，而且還培養了高度專業的工作人力，刺激了科技的發展。歐洲核子研究組織特別也是國際合作的一個楷模，匯集數千名來自一百零一個不同國籍的科學家一起努力實現共同目標，並為世界和平作出貢獻。

第八章　歐洲核子研究組織（CERN）：獨特的跨國科研合作典範

正如我們在前一章中所見，一萬零四百名物理學家和工程師參與了歐洲核子研究組織的研究計畫。這些人叫作成員（user），他們並不直接為歐洲核子研究組織工作，而是為遍布於歐洲、北美洲和南美洲、亞洲、非洲和澳洲共六十七個國家的數百個研究機構工作。在當今的粒子物理學領域中，對於像運作於歐洲核子研究組織以及其他實驗室的這類大規模科學計畫而言，只有國際合作才能確保其計畫的成功。

歐洲核子研究組織直接僱用大約兩千五百名員工（圖8．1），他們主要是成員國的科學和技術人員，只有不到一百名受歐洲核子研究組織雇

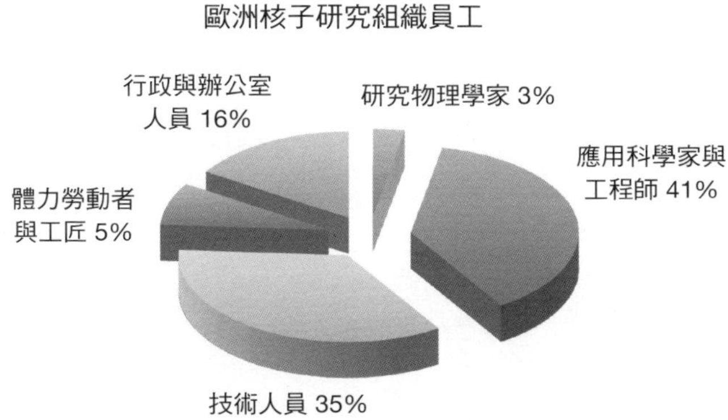

圖8.1 歐洲核子研究組織員工的分布圖。歐洲核子研究組織承擔了實驗室所有的行政、技術層面、以及加速器的責任。而各項實驗本身則是由大型國際合作計畫的負責人來管理，這些國際性的合作計畫招來了一萬零四百人到歐洲核子研究組織工作。

資料來源：歐洲核子研究組織。

用的物理學家參與了基礎研究；大多數受其雇用的員工從事的是應用相關研究。實驗室負責所有行政和技術方面的工作，且對加速器（如大強子對撞機）負全部責任。大強子對撞機是歐洲核子研究組織與業界、其他實驗室一同合作（如美國的費米實驗室和日本的KEK），並在歐洲核子研究組織的監督下建造出來的，現在是由歐洲核子研究組織的員工來操作及維護。

另一方面，各項物理學實驗則完全是大型國際實驗合作計畫的責任。這些合作計畫是由數個研究員團隊所組成，而這些研究員則是受聘於數百個研究機構，在一個龐大、無階級之分的群體之中執行工作項目。各研究機構任命一位代表參與實驗合作計畫委員會（Collaboration Board），該委員會決定各團隊的運作規則、接受新研究機構的加入、並確保新機構持續參與。每個合作計畫的成員一同建構他們的科學計畫，其結果必須再交由歐洲核子研究組織理事會所任命的科學審核委員（scientific review committee）同意。

如同我們先前所見，歐洲核子研究組織有四部運轉於大強子對撞機上的大型偵測器，即ALICE、超導環場探測器、緊緻緲子螺管偵測器、與LHCb偵測器。當初是誰設計的？誰能夠想像、計畫、監督和管理這些實驗當中成千上萬名科學家的工作？沒有一個特定的人，但其實是每一個人。事實上，科學家們依照他們認為實際上適合且他們喜歡的方式工作。聽起來很混亂嗎？有一點，但到頭來成效極佳，這可能是確保這類大規模計畫之成功的唯一辦法。

起初沒有人知道這個計畫會以什麼形式運作。每個參與其中的人或多或少都有自己的想法，他們必須與整個團隊辯論、交流，過程當中會發展出可運用的原型，透過討論原型的測試結果，想法和觀

二〇一四年九月十五日歐洲核子研究組織所有成員（依國籍分）的分布圖

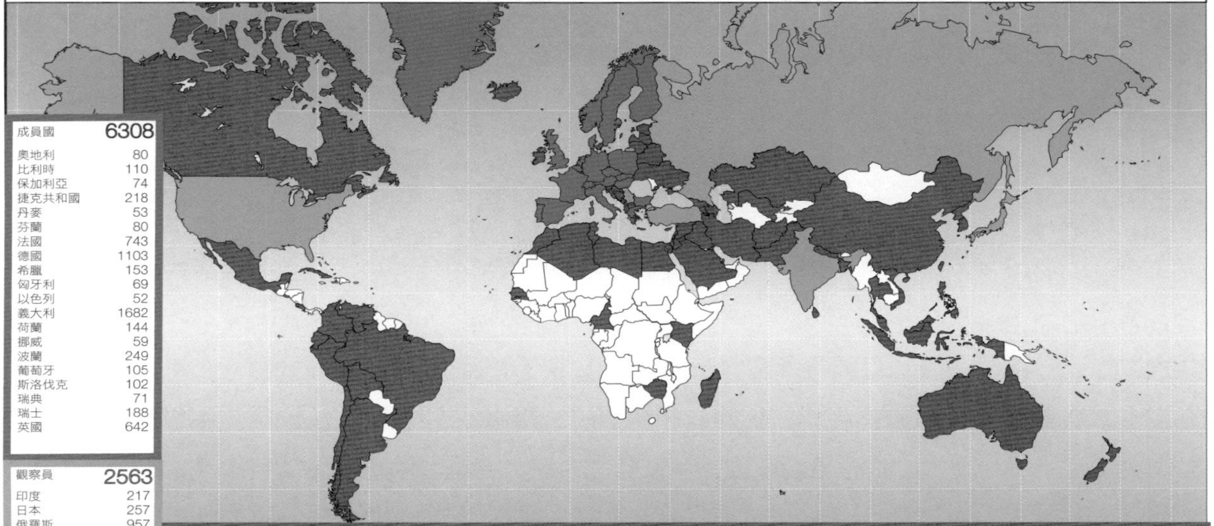

成員國	6308
奧地利	80
比利時	110
保加利亞	74
捷克共和國	218
丹麥	53
芬蘭	80
法國	743
德國	1103
希臘	153
匈牙利	69
以色列	52
義大利	1682
荷蘭	144
挪威	59
波蘭	249
葡萄牙	105
斯洛伐克	102
瑞典	71
瑞士	188
英國	642

觀察員	2563
印度	217
日本	257
俄羅斯	957
土耳其	158
美國	974

候選國	
羅馬尼亞	122

協同成員（成為成員之前的階段）	
塞爾維亞	41

其他													
阿富汗	1	白俄羅斯	41	朝鮮人民共和國	1	印尼	7	盧森堡	4	巴基斯坦	44	敘利亞	1
南非	20	玻利維亞	3	大韓民國	116	伊朗	29	馬其頓共和國	1	巴勒斯坦	5	台灣	48
阿爾巴尼亞	2	波士尼亞與赫塞哥維納	1	哥斯大黎加	1	伊拉克	1	馬達加斯加	3	秘魯	8	泰國	12
阿爾及利亞	6	巴西	113	克羅埃西亞	36	愛爾蘭	23	馬來西亞	15	菲律賓	1	突尼西亞	4
沙烏地阿拉伯	3	喀麥隆	1	古巴	11	約旦	1	摩洛哥	11	卡達	1	烏克蘭	60
阿根廷	16	加拿大	139	埃及	22	哈薩克	1	模里西斯	1	薩爾瓦多	1	委內瑞拉	10
亞美尼亞	22	維德角共和國	1	厄瓜多	4	肯亞	2	墨西哥	70	塞內加爾	1	越南	11
澳大利亞	27	智利	16	愛沙尼亞	15	拉脫維亞	1	蒙特內哥羅	3	新加坡	3	辛巴威	2
亞塞拜然	7	中國	297	喬治亞	38	黎巴嫩	12	尼泊爾	6	荷屬聖馬丁	2		
孟加拉	3	塞浦路斯	18	直布羅陀	1	利比亞	1	紐西蘭	5	斯洛維尼亞	23		
		哥倫比亞	35	冰島	4	立陶宛	21	烏茲別克	5	斯里蘭卡	4	**1485**	

圖8.2 截至二〇一四年九月，一百零一個國家和一萬零四百個歐洲核子研究組織成員的分布情況。

資料來源：歐洲核子研究組織。

點會一直演進及變化。這當中依靠的是一套客觀的判別準則：我們必須在性能、可靠度和成本這三方面上選擇最好的。單憑一人之力絕不可能成功設計和建造這當中的任何一部偵測器。

事實上，沒有任何一人知道每部偵測器運作原理的每一個小細節，就像任何大規模工業計畫一樣，這一知識分散在參與其中的整個科學家團隊中。這些實驗合作計畫與商業公司真正不同之處在於，沒有任何人可以決定另外一個人應該做什麼，每個人和每個研究機構都必須找到在何處以及如何為正在進行中的不同研究計畫作出貢獻。

那麼，這一切是如何運作的呢？例如，來自全球三十八個不同的國家、一百七十五個研究機構、超過三千名的物理學家和工程師是如何建造出超導環場探測器（有史以來最大最複雜的科學儀器之一）的呢（圖8．2）？我們也可以向緊緻緲子螺管偵測器實驗團隊詢問同樣的問題，因為他們有為數一樣眾多的人員參與該合作計畫，或者也可以向參與ALICE和LHCb的一千名科學家詢問這個問題。驅策著這些人的動力是什麼？他們為何有辦法共同合作，一再推翻極限？

一個共同的目標

實驗的合作凝聚力出自於一個共同目標：了解什麼是物質的基本組成元件以及這些粒子如何交互作用。這些科學家在試著了解這個宇宙，了解宇宙是如何形成的，以及它未來會往哪個方向走。這是一個重大的挑戰，只有高度積極的團隊才能辦得到。動力來自於基本的科學好奇心，人類無止盡地想了解其所居住之物質世界的慾望。這份好奇心就跟驅使你閱讀這本書的動機有著一樣的本質，就只為了更多一份的了解，而就是這份共有的動機決定了每個實驗合作計畫的方向。

科學家們必須想出一個策略，讓他們能夠解答當代的一些大難題。當四個大強子對撞機合作計畫在一九九〇年代初期成立時，緊緻緲子螺管偵測器和超導環場探測器的物理學家想要實現的目標是要確定或推翻希格斯玻色子的存在，但這其實只是大強子對撞機的科學家們想要探討的諸多假設和尚未解答之問題的其中之一。

LHCb實驗的主要目標是要了解大霹靂之後產生的所有反物質跑到哪去了；ALICE實驗合作計畫（圖8·3）想要確定大霹靂後物質是如何形成的；而每個人都想知道暗物質的性質；什麼「新物理」能夠解釋超出標準模型範圍之外的現象？超對稱會是正確的答案嗎？

取得所需的工具

所有這些問題驅策著實驗物理學家想望一個龐大的粒子加速器（大強子對撞機）和它四個龐大的偵測器（ALICE、LHCb、緊緻緲子螺管偵測器、超導環場探測器）（圖8·4）。這個想法在粒子物理學界流傳開來，對這些計畫感興趣的人開始定期開會，共同決定他們所需的工具的特性，以盡可能測試最大數量的假設，其目的是想要能回答愈多問題愈好，而這就促使了大強子對撞機的誕生。

實驗物理學家的角色是測試最有可能為真的理論假設。另一方面，理論物理學家則依賴已確立的一切（亦即在過去幾十年中實驗所揭露的一切）來建構新的理論，更完善地描述我們周圍的物質世界，理論物理學家們還必須推想伴隨他們的假設而生的新粒子的行為。舉例來說，早在希格斯玻色子被發現之前，理論物理學家們就必須事先預測希格斯玻色子如何生成以及如何衰變。實驗物理學家接著利用理論物理學家所作出的假設，引導他們決定最佳策略和最佳工具，以發現新粒子或測試各種假設。

正如我們在第三章中所看到的，為了實現這個目標，物理學家需要兩個主要的工具：用來生成新粒子的加速器，以及用來偵測新粒子的偵測器。後者其實就只是一部超大的相機，透過新粒子的衰變產物製作出新粒子的影像。

圖8.3 ALICE偵測器的一部分。ALICE偵測器專門用於研究大霹靂後那一刻物質的行為。
資料來源：歐洲核子研究組織。

圖8.4 世界上最大的矽追蹤設備插入緊緻緲子螺管偵測器。
資料來源：歐洲核子研究組織。

從主要目標出發

加速器因此要造得愈強大愈好，才能最大化生產出實驗室未曾製造過的粒子的機會。歐洲核子研究組織已經有一個二十七公里長的隧道，提供大強子對撞機之前身（大型電子正子對撞機）所需的空

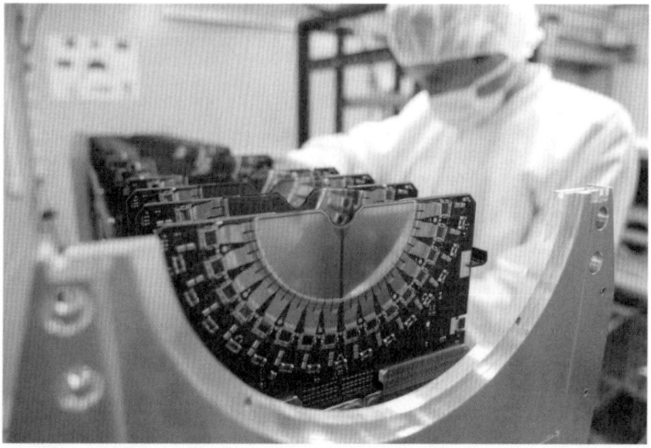

圖8.5 在潔淨室（cleanroom）中組裝LHCb偵測器頂點定位器（vertex locator，簡稱VELO）的第四十二個也是最後一個模組。這個偵測器可以測定每個帶電粒子的來源，從而重建最初產生的原粒子。

資料來源：歐洲核子研究組織。

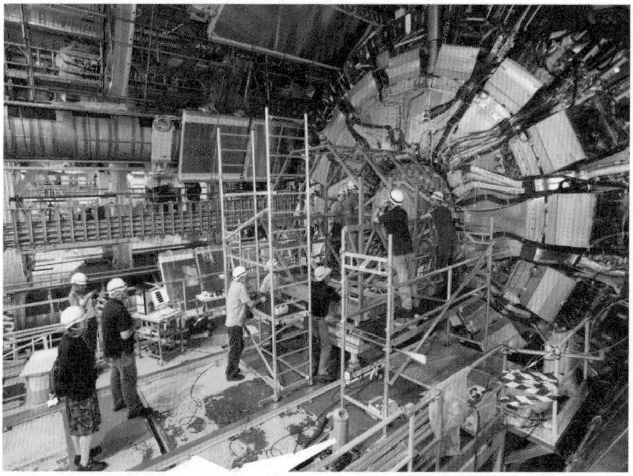

圖8.6 將兩個追蹤設備的中心部分插入超導環場探測器的正中央。

資料來源：超導環場探測器。

間。儘管需要全面翻新比傳統磁鐵強大得多的超導磁鐵，重新使用這條隧道，以降低施工成本。加速器現在不再用來加速電子，而是強大到足以彎折質子的軌跡，質子比電子重一千八百三十七倍。這麼做，碰撞能量即從大型電子正子對撞機的200 GeV提高到大強子對撞機的13,000 GeV（或13 TeV）。

一旦我們知道加速器的參數（碰撞的能量、產出碰撞粒子的頻率以及每秒預期的碰撞次數），科學家就可以定義偵測器的特徵，以盡可能提高新發現的機會；不僅提高發現希格斯玻色子的機會，也提高發現一整個動物園、帶有各種特徵的假想粒子獸群的機會。雖然尋找希格斯玻色子是目前為止最引人注目的研究之一，但是，打從一開始，探尋超對稱、暗物質和新物理的第一個跡象老早就是我們的研究主題。

科學家們必須設計出盡可能多用途的偵測器，因為當時沒有人知道希格斯玻色子和所有其他我們想找的假想粒子會以什麼方式顯現。第四章中描述的蒙地卡羅模擬，就是根據理論物理學家所發展出的理論，才影響了我們對於偵測器性質的選擇。

取得所需的工具

我們該如何設計偵測器呢？一開始我們的共同目標是：透過找到新粒子並測量其性質來測試各種假設，提高人類的知識層次。這四個大強子對撞機實驗都是各自圍繞一個共同的計畫——該團隊想要解決的這個特定的問題——而形成的，而這個目標引導著他們設計出最好的偵測器。

在第三章中，我們看到偵測器被用來重建事件，也就是透過粒子的衰變產物，測定加速器（大強子對撞機）所引發的質子碰撞期間，有什麼樣的粒子被產生出來。偵測器必須有能力辨識出所有可能從這些衰變中出現的更輕、更穩定的粒子。

偵測器像洋蔥一樣，由好幾層組成，每層對應於不同的子偵測器，每個子偵測器的目的是提取每顆穿過偵測器之粒子的部分訊息，如圖8．3到8．7，這些圖展示了大強子對撞機中的四個偵測器。我們需要重建粒子軌跡、估算粒子能量、測定電荷、並確認其身份。因此我們需要一個或多個子偵測器來測量這每一個性質，每一個子偵測器和其他所有完成這些工作所需的工具就形成一個計畫。在每個實驗合作團隊中，科學家根據實驗的需要，但也根據自己的興趣、他們可取得的資源以及專業知識，為自己分配特定工作，如此科學家們才能夠保證他們有能力完成這些計畫。每個人也必須對共同的工作有所貢獻，像是在控制室中收集數據，如圖8．8所示。

科學大野餐

實驗合作團隊制定了一些相當有彈性的規則，但這些規則其實沒有任何法律地位，只是簡單的規定了每個參與的機構必須對其中一個計畫有所貢獻。這類的貢獻可以是設計或製造重建粒子軌跡的子系統，也可以是開發專門用於數據分析的演算法和軟體。其他機構則必須提供數據分發系統，以確保數千台電腦平行處理事件的重建。

這樣的運作模式有一點像共產主義，其基本原則像是：「根據每一個人自己的能力來工作」。每個研究機構都依照其擁有的資源作出貢獻，這大體上取決於每個國家經費撥款單位能負擔到什麼程度。來自同一個國家的不同研究機構也必須就如何資源共享來達成協議，各個研究機構還必須聘用所需的人員，以完成他們同意會做到的工作。在歐洲核子研究組織，這類的大型科學合作計畫所遵循的運作模式與大公司或其他國際組織完全不同，這些科學合作計畫看起來很像一個大型的「科學野

圖8.7 緊緻緲子螺管偵測器在最後關閉前所拍的照片。大強子對撞機啟動之前最後一次的偵測器總檢查，這是第一次用宇宙射線測試全部的子偵測器。
資料來源：歐洲核子研究組織。

圖8.8 克爾斯汀・楊－安（Kerstin Jon-And）在控制室值班，她是超導環場探測器實驗合作計畫委員會的前任委員長，該委員會監督關鍵職位的選舉，並決定該合作計畫的各項政策。每個人都要參與控制室的數據採集，只有極少數位居最吃重職位的人除外。
資料來源：歐洲核子研究組織。

餐」，每個參與的機構都同意貢獻一點東西，就像在集體野餐中，每個小組都帶來它想貢獻的東西，但會有人協調整個群體，確保有足夠的食物和飲料。

對於大強子對撞機的各項合作計畫而言，偵測器的所有必要完成事項都寫在一個技術文件裡，該文件是事先準備好且通過整個實驗合作團隊同意的。各個研究機構自行決定其負責的工作，但必須向整個實驗合作團隊證明其有能力承擔該責任，最後的工作分配還是經過大家同意的，這工作分配在整個計畫中也會不斷變動。

一旦工作已分配並製定了時間表，計畫統籌協調人就會密切關注工作的進度。每個團隊或研究機構都必須完成他自己那一部份的計畫，「野餐」才會成功。但責任仍然是（全體）共有的：如果一個團隊把某工作交給一個機構，但那個機構無法達成該目標，那麼整個團隊就會尋求一些方法（財政、技術或人力上）來支持有困難的機構。如果任何子系統失敗的話，就沒有人能夠成功實現共同目標了。

誰負責做什麼？

那麼，每一個人負責做什麼呢？還有由誰來作決定？沒有人。真的沒有中心權威。這個運作方式仰賴整個團隊中的每個人，而不是遵循上層的命令。研究計畫仰賴每個參與其中之人的創造力和專業知識，沒有人可以命令別人，要求別人接受他對某事物的看法，儘管有幾個人會樂於這麼做。當然，因為我們處理的是人事，過程當中有時候會冒犯到有些人的自我。然而，所有參與者必須討論彼此的想法並說服別人，然後大家必須達成共識。假如工作團隊中有人提出不同的方法時，每個人或每個工作單位必須使用模擬或原型測試的結果，向全組說明其想法的優點，這會發生在各個層級的無數（有時是無止盡的）會議當中。在我寫這篇文章的這一天，我算了一下在超導環場探測器實驗合作計畫舉行的工作會議次數，一天之中總共開了七十五次的會！這些會議有可能在歐洲核子研究組織舉行也可能在其他地方，大多數會議都可透過視訊進行。這麼一來，即使是那些主要駐紮於他們所屬研究機構的研究人員也都可以參加。

在一群人面前報告自己的想法，經常可以揭露出計畫中可以改進的地方或弱點。最終方案都是由集體決定的，且依據科學證據所能顯示出某特定方法的益處。當意見出現分歧時，科學利益必須高於一切，並引導著所有的決策。因此，共同的科學目標決定了整個實驗合作計畫的運作，所有決定都必須取得一致的共識。

以下是一個例子。在超導環場探測器其中一個路徑追蹤系統的施工期間，計畫進行到一半時團隊發現了一個重大問題。很顯然的，我們不是得重做大部分的施工，就是得改變該子偵測器原先規畫放入的氣體成分。這兩種解決方案都會帶來許多的風險和不便。在經過了幾天的辯論，並讓每個人都陳述自己的意見，報告各種測試的結果，整個團隊約有五十人同意為偵測器開發新的混合氣體，只有一人不同意。這個唯一持反對意見的人就是計畫統籌協調人本人，由於他無法說服整個小組為何他的意見優於別的意見，因此必須服從大多數人的決定。

在一個商業計畫案中，計畫統籌協調人很可能還是會冒著丟掉工作的風險，而作出錯誤的選擇，大大強調自己觀點的優越之處，但是在大強子對撞機實驗合作計畫中，整個團隊都要對合作計畫負責。如此一來，在集體的努力之下，每個人才會共享合作計畫的成功，如圖8．9所示。

想法不斷地在進步，但進步很少是直線前進的。團隊通常需要在計畫進行當中開發新技術，以實現先前訂立的目標。此外，我們必須不斷地研究理論的實際需要，同時也得在可行與不可行之間取得平衡，因此偵測器的特性必須依情況作相應的調整。科學標準一旦被確立後，物理學家就會把他們的計畫交由工程師執行，在這過程當中有些細節可能仍然需要再調整，以應付先前尚無法預見的困難。

所以不會有人一覺醒來，就認為大強子對撞機及其四個偵測器應該已經蓋好了。我們前後花了大約十五年的時間，在此期間，計畫的細節經過不斷地推敲和修改。在大型科學合作計畫中，團隊中沒有任何主管，只有數個統籌協調人，每一個決定都經全體同意。即使有時人性會使得討

圖8.9 LHCb控制室，照片攝於二〇一〇年三月三十日第一個質子束對撞後，在二〇〇八年的重大技術事故發生後，這是我們首次重啟這個系統。
資料來源：歐洲核子研究組織。

論變得複雜，但這些辯論通常是有益的。最終，共同的科學目標永遠占優勢，促使科學家作出最後的裁決。

動機與寬容

我們必須仰賴所有參與者的動力與參與熱忱，以確保各方面都能達到最佳標準。幸運的是，科學的好奇心驅策著所有的參與者，這使科學家有動力、願意投入時間只為讓計畫成功。再者，雖然科學的好奇心是主要的動力，但更重要是，我們也很希望團隊對自己有所期待。在多元文化和國際團隊中工作、投身於創新前瞻的計畫、還可以做自己喜歡做的事情，這一切為我們都帶來了極大的樂趣。即使目標達成時，我們從未得到任何經濟上的回饋。

圖8.10 來自巴基斯坦和以色列的技術團隊成員站在超導環場探測器的大緲子輪前面，這張照片攝於施工期間，照片中只能看到大緲子輪的一部份。來自這兩個國家的人成為朋友，利用他們在歐洲停留的期間一同出外觀光，像是花幾天的時間一起走訪巴黎。

資料來源：歐洲核子研究組織。

想要成功，我們需要寬容，我們必須重視多樣性，不管是在文化或個人的層面上，我們將在下一章中討論到這點。這也就是這麼多來自不同國家的人們有辦法一起工作的原因。舉例來說，曾有一個團隊同時有來自俄羅斯、以色列、巴基斯坦、美國、中國、日本的技術人員，他們在一位法國工程師的監督下一起安裝了超導環場探測器的龐大緲子輪（圖8・10），而所有這一切都是在交雜著各種英語的狀況下完成的。

要做到這一點，不管工作可能有多枯燥乏味，每個人都必須願意幫助其他人才行。例如，有一位物理學家就花了幾個月的時間跟一個技術團隊一起在偵測器上安裝電纜。她為什麼會願意這麼做呢？只因為她想確定一切都會完美地運作，而當目標達成時，她將會非常快樂。她的情況遠非獨一無二，我幾乎可以在我所有三千名同事身上找到這樣的例子。我自己就花了兩年的時間與一名工程師、幾名技術人員和幾名學生測試了路徑追蹤系統中心部分的十一萬八千二百二十四條電線。

世界如此之小

在粒子物理學領域中固然可以讓人有機會參與優秀的研究計畫，但對我而言，最讓人滿意的部分在於，我們可在如此多樣化的團隊中工作。我在歐洲核子研究組織工作的十九年期間，以及在SLAC和費米實驗室（兩個美國實驗室）工作的五年期間，和來自幾十個國家的人並肩而坐，與他們一起交流，一起大笑、一起吃飯。我最後一個工作團隊的成員有十幾個，他們來自印度、巴基斯坦、美國、荷蘭和加拿大。

過去這些年來，曾和我一起工作的就包括了有中國人、澳洲人、俄羅斯人、希臘人、土耳其人、瑞典人、台灣人、多哥人、韓國人、阿爾及利亞人、哥倫比亞人、美國人、西班牙人、塞爾維亞人、德國人、印度人、越南人、日本人、巴西人……好吧，我在此打住，名單實在太長，總是有這麼多不同國籍的人。為了好玩，我常會在開會時數他們的人數。我可以跟世界各地的人交流意見，並學習他們如何工作和處理事情。現在我有來自世界各地的朋友，我可以和他們討論任何話題。這不只改變了我的做菜方式，特別的是改變了我對世界的看法和對不同國家政治狀況及其歷史的理解。沒有什麼比跟外國人討論更能了解當地的政治、歷史或地理了。

我和男性與女性就他們國家婦女的處境進行了無數次的討論；我也和親身經歷過戰爭、貧窮和自然災害的人討論以前只從電視知道的議題。認識這麼多不同的人讓我可以發掘其他的文化，思想更加開明。

到頭來，最令人驚訝的是了解到我們之間其實是如此的相似，儘管我們在文化上有所不同。這是非常真實的，在這樣的群體內工作時，非常容易忘記你面前的人來自距離你的國家數千公里遠的地方，他們有完全不同的文化、語言或宗教（圖8.11）。每個人最

圖8.11 每天24小時，各組物理學家輪流進入控制室值班，以確保數據收集的品質。這裡是與來自各個不同國家的同事會面的好地方。
資料來源：歐洲核子研究組織。

終都會學會使用相同的語言，一種混合技術和科學術語、使用各種風格表達的英語。每個人都有同樣的目標和同樣的熱情。這就是為什麼我們可以輕易地克服任何困難、克服因不同而生的恐懼。

獻身於研究的一生

物理學家會將自己大半的職業生涯都獻給一個明確的目標，這是很常見的現象。目標可以是發現希格斯玻色子或超對稱粒子，也可以是解決暗物質之謎。當你奉獻了幾十年的光陰在同一個問題上時，你會毫不猶豫地花一兩年的時間檢查子偵測器裡成千上萬條的小電線，以確保子偵測器能夠順利運作。我們知道，如果要實現我們的終極目標，這個步驟是基本而重要的。

因此，每個人都會根據實驗需求，為非常多樣的任務出力。在大強子對撞機所有偵測器的設計階段，我們利用原型做了無數的可行性測試。當我們進入子偵測器施工階段時，我們不斷檢查所有元件的品質。要在地底下組裝偵測器需要學習新的技能，有幾個人便接受了培訓，準備在鷹架上或使用攀岩設備工作。最後，我們已經進入運轉階段，所有參與其中的科學家都要在控制室輪流值班，以確保數據品質。團隊下又分成了幾個小組，好在設備故障或軟體出問題時可以迅速介入。在數據分析方面，物理學家定期開會討論他們的實驗結果、改善校準、完善分析方法以及開發更好的軟體。

最後，大強子對撞機的每一個偵測器都是一部不可思議的科學儀器，是巨大與高精密度的結合。例如超導環場探測器就重達七千噸，它是數百萬個精細的手工小組件的總和，三千公里的電纜交叉其中，餵養這隻怪獸或高或低的電壓、收集來自其一億個讀出通道的訊號。還有為數一樣眾多、承載著各種冷卻液體和各種氣體的管道遍布各處。所有這一切能夠運作真的是個奇蹟！（圖8．12）

但大型計畫往往也有它負面的一面。雖然對研究的熱情並不是科學家所獨有的特質，但情況往往讓他們變成近乎執迷和工作狂。有些人晝夜不停地工作，忽略他們的家人或忽略自己的健康，在星期六仍要開會，不休假，或者不論白天或黑夜、任何時間皆火速回覆電子郵件。也就是說，他們為了工作犧牲一切。即便儘管責任重的職位往往有這個需要，但就我個人而言，我不認為這是必要的，尤其不該長期持續這麼做。

民主模式

歐洲核子研究組織沒有總監或任何管理人員監督，組織章程之下只有一個發言人，他的角色是報告並概述運轉狀況。每個參與計畫的研究機構，會推派代表去做統籌協調人。有時會為了政治因素而推選某人到某職位上，但我們盡可能地努力確保統籌協調人的多樣性，這可以幫助來自

圖8.12 每個人都對計畫有貢獻。考量到這些儀器的複雜程度，它們能夠順利運作真的是一個奇蹟。這張照片攝於超導環場探測器的施工期間。

資料來源：歐洲核子研究組織。

資源較少之國家的人，使他們不至於處於不利的地位，這些人無法花太多時間駐紮在歐洲核子研究組織，因此較不容易參與團隊工作以及報告自己的想法。一般來說統籌協調人一職非常吃重，但也能給人很多的刺激。承擔更多的責任使得個人在專業領域有所發展，展現自己全部的潛力，更上一層樓。

合作與競爭

研究人員必須在競爭與合作之間找到恰好的平衡。一個心照不宣而且也是最重要的規則是：每一個人都必須合作。工作團隊最終會把不願意合作的人往外推。無論如何，沒有人能夠單憑一己之力完成所有的事情；每個人都需要其他人，也需要穩固可靠的共用工具，知識和資源必須共享。

然而，每個合作計畫的成員也都和其他成員彼此競爭。絕大多數的研究人員（特別是年輕人）都是短期約聘，如果他們希望在其中一個相關研究機構獲得永久職位，每個人就必須展現自己的能力與價值。要保住職位並有機會繼續參與這個非凡科學冒險並不容易。由於永久職位極少，即便是很有天份的人也並不總能留下來。

所有一切都是透過合作而實現的，我們在工作團隊的層次上認可個人所做出的貢獻，到頭來，沒有人能說哪件工作全是他的功勞，而每一個人的貢獻都會被考慮進去。為了認可這一點，所有的科學出版品都會由實驗中的每一位科學家聯合掛名出版，對於緊緻緲子螺管偵測器和超導環場探測器這兩個團隊來說，有大約三千人在所有的科學出版品共同署名。

當然，一般來說只有十幾個人處理特定的物理分析，從而使得文章能在科學期刊上發表。但是如果沒有所有關於偵測器設計、建造、安裝、校準和操作人員的參與，更不用提模擬、軟體開發和計算管理方面的貢獻，任何文章都不可能有機會出版。名字出現在這些出版品上的每一個人，都可以很自豪地說，他在這場科學的探險中扮演了一個重要角色。至於那些作出重要貢獻的關鍵人物，則得以在最有聲望的國際學術研討會上發表實驗合作團隊的科學成果。

這些實驗合作計畫運作得非常好，因為所有參與其中的人都渴望看到他們的實驗成功。沒有人強迫他們，也沒有人提供任何獎金。對於絕大多數的參與者來說，他們主要的動力來自於同儕的認同以及對計畫的成功有所貢獻時所帶來的滿足感。我們只希望這些獨特計畫在未來將能拓展知識的疆界。

重點提要

歐洲核子研究組織的實驗合作計畫（如超導環場探測器和緊緻緲子螺管偵測器）的成員來自五大洲的三千多名研究人員，沒有人以指揮控制（command-control）的方式集中管理整個團隊，相反的，每一個人都被期待要能融入群體，並盡可能貢獻自己的能力，以確保實驗的成功。這個組織之所以能夠運作，最主要是因為以下共同目標的驅使：科學好奇心的存在、每個人的投入以及對所有參與者的寬容。它的運作方式像是一場大型野餐，在野餐中每個小組根據其愛好、資源和人才，各出一道菜與大家共享。期盼看到實驗成功的渴望激勵著每一個人。所有的決定都經由大家都同意的協調合作機制、在各合作計畫中得到共識才繼續往下執行。這個模式賦予基層人員力量，並妥善利用所有成員的才能。計畫統籌協調人確保工作順利執行，這個過程有時候有點混亂，但是為了讓大家的創造力能得到自由發展，使革命性的發現得以發生，這是有必要的。到頭來，這可能是完成如此大規模計畫唯一可行的辦法。

第九章　物理學的多元發展可能

創造力是科學研究過程中所不可或缺的，有創造力才能為新發現鋪路。正如我們在前一章中所見，從偵測器的建造到數據的分析，粒子物理學界的大型實驗合作計畫依靠眾人想法的交流，仰賴討論以決定最佳的策略。科學家的創造力是從多樣性中汲取靈感而來，在具備多樣選擇的條件下成長茁壯。不同的方法愈多，最後得出的點子就愈好。

不過，雖然說科學家們來自一百零一個不同的國家，任何拜訪國際研究實驗室（如歐洲核子研究組織）的人都會注意到，極高比例的科學家是男性和白人。男性就占了歐洲核子研究組織所有科學職位的82％，而且這跟白人的數目一樣。就算歐洲核子研究組織最初只是一個位於歐洲的實驗室，這一歷史因素也只解釋了一部分。

傳統上，物理、數學和工程界都是相當保守的。在過去幾十年當中，科學界施行了許多措施，希望為這些圈子增加一些多樣性，特別是希望可以吸引更多的女性，以及（在較小程度上）吸引不同種族和民族的人。如今這些措施獲得了部分成果，正如我們將看到的，粒子物理學中少數族群的比例和可見度正在增加，這一點很鼓舞人心。

但是，這場戰爭還沒結束，不僅是為了女性，為了身障者，為了非白人的種族、民族、宗教的成員，也為了LGBT+族群（女同性戀〔lesbian〕、男同性戀〔gay〕、雙性戀〔bisexual〕、跨性別〔transgender〕等）。如果管理階層在聘用時也能夠考慮到應徵者的多樣性，更重要的是，作出一些努力，使人的思維模式改變，進而創造出一個每個人都可以覺得自在的工作環境，那就太棒了！如果想要留住少數族群的成員，這一點是很重要的（請見「如何吸引、聘用和留住科學界中的少數族群」一欄）。不管是什麼工作，每個人都喜歡在熱情友好而不是敵對的環境中工作。

如同第七章中對於基礎研究之益處的描述，我在此將以歐洲核子研究組織為例來說明這一願景。由於歐洲核子研究組織的成員非常國際化，其規模也因而讓我能提出一個極佳的整體觀察與統計分析。為支持我的論點，我也將引用各項研究，包括一項對於來自一百三十個不同國家的五萬五千名物理學家所進行的大型調查。

歐洲核子研究組織的女性物理學家們

在作進一步討論之前，我們先來看一下目前的情況。如前幾章所述，歐洲核子研究組織有兩大類的員工。二〇一四年歐洲核子研究組織聘用了二千五百一十三人，其中44%是工程師和物理學家，主要從事應用研究，在這一類別當中，有12.2%是女性[1]。

大部分參與基礎研究的研究員屬於第二類員工，這些人叫作成員（user），他們受聘於六十七個不同國家的數百個機構，並參與歐洲核子研究組織的研究計畫。在這個群體的一萬零四百一十六人中，有85%是物理學家，9%是工程師，其餘則是技術人員和行政人員[2]。截至二〇一四年九月一日，歐洲核子研究組織女性成員的比例為17.5％。這個數字看起來可能不是很多，但已經比十年或二十年前好太多了，而且也不斷地在改善當中（圖9．1）。舉例來說，二〇〇八年超導環場探測器實驗合作計畫的物理學家只有15.6％是女性，二〇一二年十月份這一比例已達到19.6％，但兩年後仍維持在19.7％。這個數字在不同實驗之間有些許差異，但在國家與國家之間差異就很大了，從下頁的表9．1可以看出。

圖9.1 二〇一〇年三月八日國際婦女節當天，LHCb實驗合作計畫的物理學家們正在進行實驗。數百位女性物理學家集結起來，試著在當天稍微增加她們的可見度並以此慶祝這一天，用意是突顯目前女性科學家所取得的進展。當天從早上七點到晚上十一點，單純由女性所組成的團隊在大強子對撞機值班，ALICE、超導環場探測器、緊緻緲子螺管偵測器和LHCb控制室也是如此。
資料來源：歐洲核子研究組織。

1 二〇一三年十二月三十一日，歐洲核子研究組織的正式統計數據，請參 https://cds.cern.ch/record/1703227/files/cern-HR-STAFF-STAT-2013.pdf

2 截至二〇一四年九月一日為止的數據統計，由歐洲核子研究組織提供。

表9.1 歐洲核子研究組織女性科學家的百分比

歐洲核子研究組織成員的國籍	女性所佔的百分比	35歲以下女性所佔的百分比	35歲以下族群所佔的百分比	在歐洲核子研究組織工作的總人數
土耳其	33%	40%	59%	159
挪威	29%	33%	41%	59
希臘	28%	32%	38%	152
羅馬尼亞	26%	30%	36%	121
比利時	25%	25%	54%	109
西班牙	25%	31%	38%	323
瑞典	24%	36%	39%	71
義大利	23%	31%	29%	1666
印度	23%	26%	52%	214
保加利亞	22%	44%	22%	74
中國	22%	23%	72%	302
葡萄牙	20%	21%	45%	104
巴西	20%	12%	54%	111
南韓	19%	23%	49%	115
芬蘭	19%	21%	30%	79
墨西哥	19%	28%	58%	69
波蘭	19%	16%	39%	247
法國	17%	25%	26%	731
斯洛伐克	17%	21%	51%	102
加拿大	16%	22%	48%	141
以色列	15%	29%	33%	52
美國	14%	18%	41%	973
德國	14%	19%	47%	1095
瑞士	14%	18%	31%	177
英國	12%	17%	46%	633
匈牙利	12%	22%	34%	67
俄國	11%	18%	22%	951
奧地利	11%	15%	33%	81
荷蘭	10%	28%	25%	144
烏克蘭	10%	14%	58%	60
丹麥	9%	21%	36%	53
捷克	9%	10%	51%	216
日本	7%	8%	47%	253

結果分析

讓我們從國籍的角度來檢視歐洲核子研究組織成員的女性比例。若單一國家超過五十名成員（也就是在歐洲核子研究組織做研究、同一國籍的人）就會列入表9．1中，以確保統計上的可靠性和意義。至於完整的一百零一個國家的清單則請見附錄A。各國按降序排列；也就是說，女性比例最高的國家排在最上面。

在這張表上，所有歐洲核子研究組織的成員是以護照國籍區分，而非以其所屬單位（聘用之機構或大學的國家）。例如：我在統計上被算在加拿大，但其實我是為美國研究機構工作。土耳其是我們看到女性物理學家比例最高的國家。女性比例最高的地區為巴爾幹（土耳其、希臘、保加利亞）、歐洲其他地方（挪威、羅馬尼亞、比利時、西班牙、瑞典、義大利），及印度。另一方面，日本、奧地利、瑞士、德國、美國、加拿大和英國等國家則低於平均。要如何解釋這些差異呢？原因是多樣複雜的，沒有一個單一的解釋，但薪資水準似乎起了一些作用，在薪資水準較低的國家，物理學界中女性較多。這顯示了女性更容易從事收入較低的工作職位，薪水更好的職位是為男性所保留，因為男性仍然被認為是「養家糊口」的人。但這只是造成這個現象的諸多因素之一，例如，俄羅斯和捷克共和國的女性科學家人數就很少，而這兩個國家的薪資水準也偏低。其他文化和歷史因素也起了些作用，每個國家都是獨一無二的，因此必須單獨分析。你在附錄A所列的完整清單中可能會注意到，有些國家的女性物理學家比例超過土耳其的33％。但是這些數值只代表非常小的族群，因此從統計的角度來看，這些數值的意義不大。

三十五歲以下族群中的女性比例（第三欄數字）可以預測未來五到十年女性的參與將會如何演變。幾乎所有表中的國家其年輕族群的女性工作者比例都比較高，除了巴西和波蘭以外。表中這兩個國家的年輕女性人數相對較少。

如果照這個趨勢繼續演變下去，歐洲核子研究組織成員中女性的百分比應該會在五年後從今天的17.5％提升到大約19％。雖然這是正面的，但按照這個速度，兩性平等不會是明天上午就能實現的……歐洲核子研究組織和參與其中的所有國家必須持續促進多樣性，並加倍努力，吸引更多的年輕女性和其他少數族群人士投身科學界。我們需要共同努力，聘用和留住更多的少數族群才行。

圖9．2中的圖表顯示了按年齡層畫分的歐洲核子研究組織成員的分佈情形。目前的平均年齡為四十一歲。這對應於男性平均年齡的近四十二歲和女性平均年齡的略超過三十七歲。兩性平均年齡之間的差異顯示了女性較為年輕，有愈來愈多的女性正在加入——儘管這是最近才有的趨勢。

最年輕族群的女性比例略有下降，希望這只是一個小波動，而不是未來幾年會持續下去的趨勢，該下降幅度應提醒人們這場性別戰役離結束還很遙遠。其實若干措施一經採行便能打破許多刻板印象，持續地吸引更多的年輕女性和其他來自少數族群的科學人才。我在「如何吸引、聘用和留住科學界中的少數族群」一欄中提出了幾點建議。

為什麼科學界中的女性人數如此的少？

科學界中女性人數稀少的原因有很多，但主要的問題根植於刻板印象和後天習得的態度。事實其實與刻板印象恰恰相反，沒有人能夠證明男孩在科學方面優於女孩，也沒有任何生物學上的證據證明現狀的優越性是先天存在的。事實上，數個研究發現，在高中階段女生在科學和數學方面的成績略優於男生。

跟據巴黎巴斯德研究院（Pasteur Institute）的神經生物學家凱瑟琳·維達（Catherine Vidal）[3]的研究，就能力上來說，兩性之間在生物層面上並不存在顯著的差異，這個觀察來自於分析大腦活動的成像研究。維達還強調，人類出生時腦中只含有10％的突觸（大腦神經元之間的連接），其餘的幾千億個突觸是透過學習自己建立起來的。因

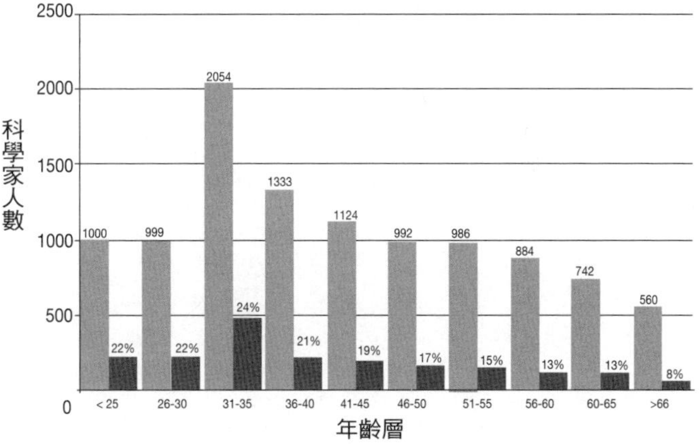

圖9.2 歐洲核子研究組織成員年齡層分布情況。顏色較淡的直條代表的是所有性別的成員數，而顏色較暗的直條則顯示每個年齡層中女性的百分比。

資料來源：歐洲核子研究組織。

3 請參 http://cordis.europa.eu/news/rcn/30550_en.html

此，她使用「智力可塑性」（intellectual plasticity）這個術語來描述「在環境的影響下大腦的塑形，無論其為內部環境（食物、激素）或外部環境（家庭和社會互動）」。所以說，一切幾乎都是教育、文化和社會壓力的產物。

這正是南錫第二大學（University of Nancy 2）教育科學講師安妮特．尤勒庚（Annette Jarlégan）的研究主題，她的研究說明了這一切如何微妙地發生而沒有任何人注意到。舉例來說，教學輔助工具（如某些童書）鼓勵男孩有活躍的公共生活，而這些書經常給予女孩較多被動的角色，且多半局限於私人領域（家庭）。她引用一些研究說明老師們在男孩身上所投注的注意力多於女孩，老師們對男孩也有較高的期待，男孩女孩兩組之間並沒有得到相同的鼓勵。該研究讓一群男女教師批改同一份作業，這份作業上簽的名如果是男孩或女孩，得到的分數會不一樣。如果這份作業是科學類的學科，這個現象又更明顯。所有這些小差別都構成了她所謂的潛在課程（hidden curriculum）：「學校的孩子們在不知不覺中習得的一套價值觀、技巧和知識，它沒有被列在正式課程表上，老師甚至家長都沒有注意到它。」

尤勒庚表示：「這個在校園中的男孩和女孩身上所看到的刻板印象，跟在勞工階級和上層階級身上所看到的刻板印象是一樣的」。「一般都認為女孩要堅持不懈、要勇敢，她們如果能成功是歸功於自身的努力。這正是一般人對下層階級（的孩子）的看法」。男孩們內心深處知道，這個世界屬於他們，他們可以在小學階段玩耍，在高中和大學期間瞎弄，因為最好的部門的工作正在等著他們。女孩們則會將自己排除在這些領域之外。[4]

而如果在數學測驗開始之前提醒女孩們，女性在數學方面的成就一般來說並不高，她們就會得到較低的分數。這就是史蒂芬・史賓塞（Steven Spencer）、克勞德・斯蒂爾（Claude Steele）和黛安・奎恩（Diane Quinn）所發現的現象，並將之稱為「刻板印象威脅」（stereotype threat）[5]。如果女孩在測驗之前被告知，男女之間在表現上沒有任何差異，她們就會有較好的表現。所有男孩，無論來自什麼種族，以及所有白人的小孩，如果在測驗前強調他們的出身，他們會表現得更好，這個效應叫做「刻板印象提升」（stereotype boost）。這正說明了社會背景是如何對女孩和其他少數族群在科學界的表現造成影響。

圖9.3 二〇一〇年三月八日，一群正在操作緊緻緲子螺管偵測器實驗的物理學家們。

資料來源：歐洲核子研究組織。

所以，要女孩投身科學界是件不容易的事，因為所有一切都提醒著她們，她們不屬於那裡。這個

4 請參 https://antisexism.wordpress.com/2011/11/19/inequality-between-girls-and-boys-at-school/

5 請參 http://www.leedsbeckett.ac.uk/carnegie/learning_resources/LAW_PGCHE/SteeleandQuinn StereotypeThreat.pdf

訊息可能來自她們的家庭、學校或媒體。教科書和媒體提到科學家時幾乎完全將之視為男性，男性科學家的圖像也強化了這一訊息（圖9．3）。沒有人會質問一名男性他們為何投身物理、工程或數學領域，但是很多女性卻會被問到她們為何選擇這樣的職業。諸如此類的言論強化了她們不屬於那裡的暗示。這一點也不令人訝異，只有最優秀和最有決心的人才有辦法留下來。如果沒有支援，年輕女性便會失去勇氣，於是選擇那些不需要經常逆流而上的領域。

聘用階段的歧視

法國的歧視觀察站（Discrimination Observatory）[6]和許多世界各地的團體進行了大量的研究，這些研究顯示了聘用階段便存在著多種形式的歧視，這個歧視可以是基於性別、年齡、外表、殘障、種族或身家等方面。雇主通常喜歡聘用看起來像他們自己的人。此外，無論雇主是男性或是女性，性別刻板印象持續地對雇主產生影響。

美國耶魯大學所進行的一項調查[7]顯示，女性其實跟男性一樣有可能持有性別刻板印象。同樣一份虛構的履歷被送到一百二十七名物理教授手中，請每位教授評價這份履歷，並決定他是否會聘請這個人作為實驗室助理。送出的履歷當中，有一半是署名男性的名字「約翰」，另一半是女性名字「珍妮佛」，除了名字以外，履歷其餘的部分是完全相同的，但是約翰的履歷卻同時得到男教授和女教授更高的評價，這些可能的雇主認為約翰有更好的能力，他們甚至提供更高的薪水，平均每年高出四千美元。這樣的研究顯示了申請者應該要匿名，也就是履歷上不要列上求職者的名字，以消除這類的歧視，這麼做也會對那些名字不同於一般常規的人有利。

如何吸引、聘用和留住科學界中的少數族群

以下所列舉的提議，基本上是源自在二〇一三年三月經濟社會論壇（Economicand Social Forum，簡稱ECOSOC）會議上所提出的內容。這份建議最初是由一群在歐洲核子研究組織工作的年輕女性所擬定的。我對之稍作修改，使其也適用於所有少數族群。其中幾項建議也有助於改善科學界的工作環境，因而對所有人都有幫助。

為了吸引更多的少數族群進入科學界，我們可以：

- **在各個層面上破除刻板印象。**我們應該要改進教科書中對於少數族群的描述，包括對於議題的措辭；提及科學家時使用性別中立和文化多元的語言；藉著提供媒體更多樣化的聯絡人名單，增加少數族群科學家在一般文化中的能見度。

6 http://fr.wikipedia.org/wiki/Discrimination_%C3%A0_l%27embauche

7 http://physicsworld.com/cws/article/news/2012/oct/24/physicists-show-bias-against-female-job-applicants

- **幫助青少年建立一個穩固的「物理認同」（physics identity）**。學生們如果覺得自己不擅長數學或科學，就不會進入科學界工作。來自同儕、老師和家庭的鼓勵會幫助青少年相信他們自己的能力。諸如尖端物理議題的討論、鼓勵提問和同儕教學之類的課堂活動都有助於建立穩固的「物理認同」。討論為什麼科學界中女性和少數族群的人數較少，也能幫助少數族群的青少年認識到問題不是出在他們身上，而是有其社會根源。
- **為來自少數族群的青少年提供行為榜樣和導師**。我們應該提供機會給LGBT$^+$、女性、不同種族與信仰的人，讓他們向年輕的聽眾談論他們的職業生涯，這應該在各個層次上進行。也應該舉辦就業博覽會，以增強青少年的自尊心，提供一個環境，讓他們能和其他面對類似挑戰的青少年一起討論。

為了在物理學界和整個科學界中聘用更多的少數族群成員，我們可以：

- **求職過程實施匿名制**。研究顯示男女皆對女性存有歧視，因此求職者的性別、種族和婚姻狀況在求職過程中應該被隱藏起來，以消除性別偏見。在古典音樂界，若面試者必須站在屏幕後面表演，使得面試官看不到他們時，五個主要的管弦樂團的女性音樂家人數便增加到了三倍之多。
- **實施公平合理的育嬰假制度**。男性與女性都應給予育兒假，並且積極鼓勵男性去申請。如果父母雙方不得不平均分擔照顧嬰兒的重擔，那麼屆生育年齡的女性在聘用時就比較不會因此而不受青睞。這也是科學界要能留住更多年輕女性的關鍵。這些規則也同樣適用於LGBT$^+$伴侶。
- **聘用流程中加入對其配偶之考量**。研究機構應該認識並處理雙生涯（dual-career）的情況，半數具物理學博士學位的女性會有教育水準相當的配偶（而男性只有20%）。研究機構在徵才開始之前便應採取行動，為配偶提供協助。這將有助於年輕女性找到職位，而不致使他們的婚姻關係因此而變得緊張。這點同樣也適用於LGBT+伴侶。

為了在科學界中留住更多的少數族群成員，我們可以：

- **提供導師給職業生涯剛起步的青年**。導師應與老闆或上司不同，以避免任何利益衝突，並得到適當的研究機構的支援。例如，導師可以確保年輕人有順利的進展、取得足夠的研究經費和支援，並參與會議與出席各種學術研討會。導師要能夠向青少年提供有關學術和專業問題的建議。這些導師應該支持幫助每一個人，特別是少數族群的成員。
- **在大型科學研討會上廣泛地討論性別問題**。舉例來說，男性往往不了解女性在科學界中所面臨的困境，縱使他們通常非常願意敞開心胸去了解，但也缺乏討論這些處境的機會。多數團體的成員經常沒有意識到自己在歧視少數族群。教育會改善這個狀況。每個多數團體都會從了解其他團體的困境和特性中受益。
- **為少數族群成員舉辦科學會議**。會議中的青年們可以看到自己團體的成員作出了如何寶貴的貢獻，他們可以在哪裡找到積極前進的力量，並且與同儕談話時也從中得到支持。這也將提供一個環境讓年輕女性討論她們所面臨之問題，並使她們有機會分享經驗和相互支持。女性團體、LGBT+和黑人物理學家協會等團體都應得到協助和支持。

女性是否站在平等的基礎上？

女性的代表（即女性所占的百分比）並不是唯一可以用來衡量女性物理學家是否已得到平等待遇的指標。美國物理聯合會（American Institute of Physics）在二〇一二進行了大規模的調查[8]，其中有來自一百三十個不同國家的一萬五千名物理學家參與，該調查的目的是比較男性與女性的工作經驗。這個龐大的統計樣本具有極大的優勢，它可以提供一個不受個人觀點左右、對情況公允的描述。在表9．2中，我為這一研究的大部分做了總結，結果不言自明。

第一直行是所問之問題的類別。參與者分為兩組，即來自低度開發國家（less developed countries）和高度開發國家（very developed countries）的科學家。對於每一組，表中顯示了對數個問題回答「是」的男性和女性的百分比。我將這些答案重新整合，這裡所顯示的是這類型總體

表9.2 美國物理聯合會進行的一項大規模調查結果的彙編，來自130個國家的一萬五千名物理學家參與了這項調查。

回答「是」的百分比	低度開發國家		高度開發國家	
	女性	男性	女性	男性
是否得以參加專業活動	50%	62%	50%	58%
是否有充足的資源	40%	51%	48%	58%
職涯是否受到小孩的影響	58%	50%	53%	41%
使否承擔家務	39%	17%	44%	24%
成為父母後，是否被給予較少的挑戰	27%	9%	21%	4%

資料來源：寶琳・甘儂，根據美國物理聯合會的資料。

狀況的平均值。

第一類的問題詢問受訪者是否有機會參加各項學術活動，例如出席研討會、擔任講者或在學術研討會受邀演講、在國外進行研究、擔任同儕評閱期刊（peer-reviewed journal）的編輯委員會或其他重要委員會的職務、指導學生或學生們的論文。換句話說，參與者被問及他們是否能參加使研究員在職業生涯上有所進展的活動。平均而言，在所有女性物理學家之中有50％對這些問題回答「是」，相比之下，約60％的男性物理學家回答「是」，無論他們是來自較低度開發國家或高度開發國家。

該調查也反映了，與她們的男同事相比，在是否獲得充分足夠的資源這一方面，女性往往處於劣勢。這個項目包括了擁有足夠的辦公室和實驗室空間、設備、研究預算、出席會議的旅行預算以及技術和行政上的支援。與男性相比，有較多的女性回答他們的事業在孩子出生後受到了影響。事實上，這項研究顯示有小孩的男性較受青睞，相對而言女性有小孩則對她們不利。這一點支持了這個觀念：男性們通常被認為是「養家糊口」的角色。女性在成為母親之後，也承擔了更多的家務，在專業層次上被給予較少的挑戰。這份表格顯示了，在所有這些方面上，兩性所受到的待遇在統計學上存在有顯著的差異，亦即女性並沒有跟男性站在平等的基礎上。

這種情況雖然嚴重，但正在正面地改變。愈來愈多的女性在粒子物理學實驗中位居重職。舉例來說，柏西絲・德雷爾（Persis Drell）即為二〇〇七年至二〇一二年加州SLAC實驗室的主任

8 http://www.aip.org/statistics/reports/global-survey-physicists

（Director General）；法比歐拉・吉歐諾提（圖9・4）是二〇〇九年至二〇一三年超導環場探測器實驗合作計畫的發言人，她並於二〇一六年一月領導三千人成為歐洲核子研究組織主任，吉歐諾提是第一個位居該職的女性，也是有史以來最年輕的；除此之外，金榮基（Young-Kee Kim）也在二〇〇六年到二〇一三年這段期間擔任費米實驗室的副主任，該實驗室位於芝加哥附近。但其實更引人注目的是愈來愈多的女性在所有的粒子物理學實驗當中扮演的重要角色，她們參與這些實驗的日常運作，並在各個層面都作出了貢獻。

圖9.4 吉歐諾提，超導環場探測器實驗合作計畫的前發言人，她在二〇一二年七月四日發表了發現希格斯玻色子的結果。吉歐諾提博士於二〇一六年一月成為歐洲核子研究組織主任。
資料來源：歐洲核子研究組織。

LGBT+團體

統計研究和其他類型的調查可以幫助我們辨識出問題，並找到解決方法。但不幸的是，不論是在一般組織還是在歐洲核子研究組織，物理學界中都找不到關於少數族群的資料，這邊是指身障者、種族或宗教信仰不同於主流之人以及LGBT+團體的成員。就歐洲核子研究組織的LGBT+團體而言，雖然發展前期為了獲得認可，曾受到一些抵制，但是自二〇一〇年以來，我們已經有一個積極且活躍的

LGBT⁺社團（圖9・5和9・6）。

一般來說物理學界是能接受新思維的，縱使有時在這一議題上思想並不太開明。舉例來說，歐洲核子研究組織LGBT⁺社團的海報就常遭移除或破壞，這類來自個人的狹隘態度會使得這個團體被孤立，而非允許其自由發展。幾名歐洲核子研究組織員工不敢透露自己的性取向，就是因為擔心會被孤

圖9.5 歐洲核子研究組織LGBT⁺團體的一些成員聚集在一起，為「會更好」（It Gets Better）製作了一段影片，討論性少數族群中的青少年。我站在第一排的中間。
資料來源：尤里・戈佛利科夫（Yury Gavrikov）。

圖9.6 歐洲核子研究組織LGBT⁺團體的一些成員和朋友們訪問超導環場探測器的洞穴。
資料來源：尤里・戈佛利科夫。

立或在工作環境中受到不一樣的看待，但還是有約六十人參與了LGBT+團體的活動。

來自各項實驗計畫的科學家們會在國際研討會上分享成果。這些會議對於跟上最新研究發展、建立人脈、讓別人認識自己非常必要。因此，特別重要的一點是，這些會議必須舉辦在LGBT+成員人身安全不受威脅的國家。

LGBT+科學家們正面臨著與他們工作相關的具體困難。例如，各國研究機構派遣員工到歐洲核子研究組織工作經常一去就是好幾年，我們需要確保LGBT+職員的伴侶也可以在派駐期間得到簽證，否則就情感、個人和財務角度來看，其所付出的犧牲很大的，這類的處境會對成員的表現造成負面的衝擊。大多數機構和歐洲核子研究組織會為夫妻和家庭發給津貼，由於只有少數國家授予同性伴侶結婚的權利，這些津貼也必須提供給全部的伴侶，而不是只保留給已婚夫婦。儘管歐洲核子研究組織的主辦國（即法國和瑞士）都承認同性伴侶之間的結合，但對於外國人而言情況仍然相當複雜。最大的問題還是在於對同性戀的恐懼（homophobia，又譯恐同）。如果LGBT+成員覺得向他們的同事提及自己的同性伴侶會因此使得同事們不自在，或者害怕在聘用上可能會受到歧視，那麼對他們來說，想要好好地融入工作團隊中將不會是一件容易的事。最後一點尤其重要，因為歐洲核子研究組織的大多數研究員都是短期約聘。幸運的是，就像在其他地方一樣，人的想法正在演變，對抗恐同最有效的武器之一是拒絕留在「衣櫃裡」（in the closet，即隱匿同性戀身份），相反地，而是以LGBT+的身份公開地生活。具聲望的專業人士可以給予青少年極有力的支持。如果沒有人需要躲起來，就代表沒有任何東西需要被藏起來。既然恐同往往源自於對未知的恐懼，因此公開認同身為LGBT+的一員可以幫助消弭這類的恐懼。

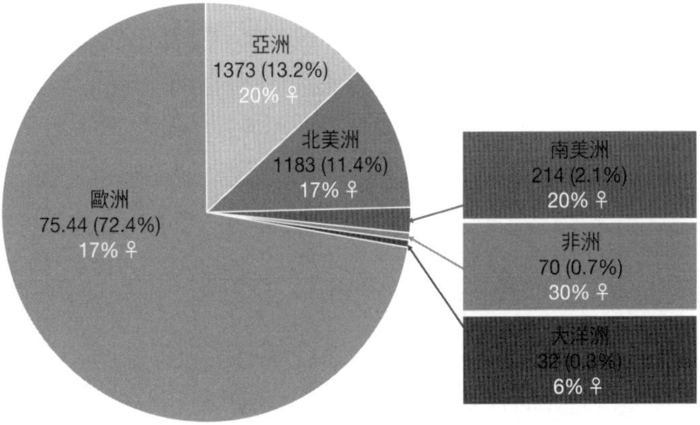

圖9.7 歐洲核子研究組織使用者按國籍重新畫分，以及各區域之女性百分比。

資料來源：寶琳・甘儂／歐洲核子研究組織。

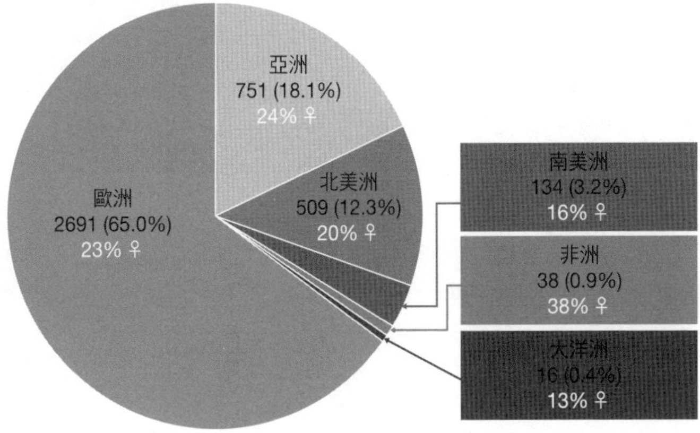

圖9.8 35歲以下歐洲核子研究組織使用者的分布圖，畫分方式與圖9.7相同。

資料來源：寶琳・甘儂／歐洲核子研究組織。

歐洲核子研究組織的種族多樣性

圖9．7和9．8中的圖表概述了歐洲核子研究組織的種族多樣性，我將所有歐洲核子研究組織的成員依據國籍、五大洲來重新歸類。截至二〇一四年九月一日，72%的成員來自歐洲，亞洲科學家人數（13%）也比北美科學家人數（11%）多，南美洲占2%，而非洲只占為數稀少的0.7%（圖9．9）。每個圖表中白色字體的百分比顯示了該區域女性所占的比例。

當然，歐洲核研究組織最一開始是一個歐洲實驗室，其成員國至今仍主要是歐洲國家（以色列除外），因此歐洲科學家占絕大多數。然而，近年來歐洲核子研究組織開始在粒子物理學界中扮演國際性的領導角色，這兩張圖表說明了各洲的國家參與歐洲核子研究組織之後，對其他國家所造成的影響，也可以看到更多來自其他大陸的人們所作的努力現在已經開始顯現成果。

透過暑期學生課程，歐洲核子研究組織也為各國的青少年提供了研究計畫以及一系列專業講座的

圖9.8 為幫助提高非洲的高等教育品質，以及增加非洲學生獲得高等教育的人數，超導環場探測器的物理學家柯替維．阿薩瑪庚（Ketevi Assamagan）（右邊數來第三位）與其他人共同創辦了非洲基礎物理學院（African School of Fundamental Physics，簡稱ASP）。第三屆暑期學校於二〇一四年在塞內加爾首都達卡舉辦，照片中是五十六名參加者的其中幾位。
資料來源：二〇一四年非洲基礎物理學院。

機會。不過開放給非成員國的人數還是非常有限。此外，這些學生缺乏行為榜樣，舉例來說，在二〇一〇年至二〇一三年期間，儘管有33%的參加者是女性，但只有14%的講師是女性，而講師中其他少數族群的人數也極為不足。

圖9．8說明了未來幾年的趨勢，其根據的是今日歐洲核子研究組織三十五歲以下成員的人數。該圖表說明了未來幾年科學家的組成將如何變化：歐洲人數將會減少，而亞洲人數則會增多，非洲人數的比例也將略微增長，因為青年就占了該族群人數的一半。

女性與諾貝爾物理學獎

歷史對科學界中的女性並不友善，而諾貝爾獎的授予也不例外。到目前為止，居里夫人（Marie Curie）和瑪麗亞．戈珀特－梅耶（Maria Goeppert-Mayer）是唯一兩位獲得諾貝爾物理學獎的女性。居里夫人也是唯一一位獲得不同類別的諾貝爾獎（即物理和化學）的人。但不幸的是，過去曾經發生過幾個惡名昭彰的事件，以及一些尚未蓋棺論定的例子，在在顯示出女性被不公平地忽略。以下為其中幾個例子。

莉澤．麥特娜（Lise Meitner）的故事可能是所有不公平事件當中最驚人的一個。她於一八七八年出生在奧地利一個猶太人家庭，並於一九〇六年自維也納大學取得物理學博士學位。由於當時女性不得在奧地利擔任學術職務，她在一九〇七年離開奧地利，搬到柏林，開始與化學家奧托．哈恩（Otto

Hahn）合作，這個合作關係持續了三十多年。她在一九一七年七月被任命為一物理實驗室的主任，直到一九三八年七月才卸下該職，當時的她因為猶太人的身份而被迫流亡瑞典，以便逃離納粹政權。

她設法在一九三八年十一月與哈恩祕密會面，討論如何進行實驗。哈恩之後依據他與麥特娜的討論，與另一名研究員合作，成功地執行了這項實驗，兩人不久之後發表了實驗結果。由於納粹政權禁止猶太人把他們的名字列在科學研究報告上，所以麥特娜的名字不能出現在這篇論文上，諾貝爾委員會因此決定在一九四四年將諾貝爾化學獎單獨頒給哈恩一人，以表彰其發現核分裂的貢獻。不久之後，幾位科學家意識到該發現的軍事潛力。麥特娜接著被邀請加入位在洛斯阿拉莫斯（Los Alamos）的曼哈頓計畫（Manhattan Project），該計畫最終導向原子彈的開發一途。但她拒絕了，說她不想和炸彈有任何關係。今日的科學界承認了她的貢獻，歐洲物理學會核子物理部門（Division of Nuclear Physics of the European Physical Society）的最高榮譽即為莉澤・麥特娜獎（Lise Meitner Prize）。

最近諾貝爾委員會也忽略了喬絲琳・貝爾－伯內爾（Jocelyn Bell-Burnell）的貢獻。她於一九四三年出生於北愛爾蘭，一九六九自劍橋大學取得天文學博士學位。她參與了一個無線電波望遠鏡的建造計畫，目的為研究類星體（quasar），類星體是一種會發射無線電波和可見光的非常高能量的星體，她注意到她的數據當中有一些微弱的脈衝無線電信號。儘管她的主管安東尼・休伊什（Antony Hewish）表示不感興趣，她還是決定要詳細調查這種脈衝的起源，休伊什認為她在浪費時間，他相信這個信號源自於某種干擾或人為的來源。

她的堅持使她能夠發現脈衝星（pulsar，一種會發射脈衝信號的中子星）的存在。最後，休伊什和他團隊的另一名成員馬丁．萊爾（Martin Ryle）卻因為這個發現在一九七四年獲得了諾貝爾物理學獎，這個結果在天文學界引發了憤怒。她當時是學生的這個事實可能也有影響，如果真是這樣的話，諾貝爾委員會的態度自那時起應該已有所改變：二〇一〇年，康斯坦丁．諾沃斯洛夫（Konstantin Novoselov）和他的指導老師安德烈．蓋姆（André Geim）因為石墨烯（Graphene）的發現而共同獲得諾貝爾物理學獎。

米列娃．馬利奇．愛因斯坦（Mileva Marić Einstein，也就是阿爾伯特．愛因斯坦〔Albert Einstein〕的第一任妻子）的例子，就比較有爭議，因為大部分證據都是間接的。一九六〇年代出版的米列娃和愛因斯坦的第一部傳記引起了人們的懷疑，由於當時可從愛因斯坦或米列娃手中取得的書面文件很少，因此這些書根據的是親近朋友和家人的許多證詞。但隨後，他們的兒子漢斯．阿爾伯特（Hans Albert）發現了他母親的一個盒子，其中包含了他父母之間的部分通信。這些信件公布於一九八七年，其中揭露了許多重要訊息，顯示出他們兩人之間是存在科學合作關係的。最近在二〇〇六年，保存於耶路撒冷希伯來大學（Hebrew University of Jerusalem）、愛因斯坦自一九二一年至一九五五年間個人文件的檔案終於向研究人員開放，所有這些文檔證據都顯示了夫妻兩人在數個研究主題上一同合作，這些研究主題包括了相對論和光電效應（photoelectric effect）。一九二一年愛因斯坦因為光電效應而獲得了諾貝爾物理學獎，而他們在一九一九年所寫的離婚協議書裡便規定，如果諾貝爾物理學獎將來授予給他，愛因斯坦必須將全部的獎金交給米列娃。愛因斯坦得到了榮耀；米列娃得到了錢。

關於米列娃是否對其丈夫的科學研究有所貢獻的爭議，請參閱本書最後的附錄二，我在當中收錄了一些主要證據和看法，供你形成自己的意見。人的思維和社會自那時起已經有所改變，讓我們期待這類不公平的事件不會再發生。

重點提要

在粒子物理學界，我們離真正的多樣性與兩性平等還很遙遠，不過情況正在往好的方向改變。如果照目前的趨勢持續下去，到西元二七九八年在每個層面上應該都會達到更好的平衡……然而，許多改變可以輕而易舉地改善當前的情況，為科學界吸引和留住更多元的人才。由於多樣性代表著更多的創造力，接納更多少數族群，對於科學界來說是百利而無一害。歐洲核子研究組織作為科學界的領導者，它既有能力也有道德義務在各個層面上樹立榜樣。

第十章　下一波的新發現將是？

我不會算命，對長期預測也不特別有天份，但就跟大多數的粒子物理學家一樣，我預期未來十到二十年間將會有快速甚至革命性的發展。過去的歷史顯示了，每一次加速器增加其可及能量，就會發生驚人的進展。

照目前的情況來看，儘管大強子對撞機第一期是在低於原先規畫的能量下運轉的（8 TeV），但那段時期所取得的數據（第一階段運轉〔Run I〕）還是極為成功的，它讓我們發現了希格斯玻色子。隨著二〇一五年以更高能量（13 TeV）和更高強度重新啟動，我們更可以對此滿懷希望。那麼在未來幾年，最受期待的發現是什麼呢？

二〇一五年十二月的年底會議上，緊緻緲子螺管偵測器和超導環場探測器實驗組都報告他們發現了幾個事件，這些事件可能揭露出一種新型玻色子的存在，它的質量大約在 750 GeV，即希格斯玻色子質量的六倍。由於以更高能量重啟大強子對撞機有它困難的地方，超導環場探測器和緊緻緲子螺管偵測器在二〇一五年 13 TeV 所收集到的數據量就比在二〇一二年 8 TeV 時累積的數據量少了五到七倍。因此，當實驗物理學家們發表這些結果時，他們非常小心：數據樣本小，總是容易出現統計波動。但是幾十年來一直渴望出現新物理之跡象的理論物理學家們馬上就行動了。他們在一個月內便

（包括年底的假期）發表了一百七十篇理論學術論文，意思就是對於這個尚未被發現的新粒子，理論物理學家們已經有一百七十種不同的解釋。只有時間能證明這一切的興奮是不是理所當然的，但這個現象清楚地說明了物理學家有多麼希望，在未來的幾年之中能夠有重大的發現。會不會像希格斯玻色子一樣？它在二〇一二年七月被正式發現之前一年，其實就已經出現一些微弱的跡象。在這本書出版之前（二〇一六年二月），我們並沒有足夠的數據可以證明「新型玻色子存不存在」。這就好像我們在多霧的日子朝遠處看望，試著猜測火車是不是來了。只有時間能夠證明出現在地平線上、幾乎看不見、模糊不清的形狀是期待已久的火車，還是只是幻覺。二〇一六年夏天這個問題應該會得到澄清，屆時將有更多的數據，我將會在我的網站上發布最新的進展（編按：這個新粒子目前〔二〇一八年〕已被證明只是統計波動）。[1]

大強子對撞機未來二十年的策略

在第一階段的運轉期間（以第一階段運轉〔Run I〕表示），緊緻緲子螺管偵測器和超導環場探測器實驗都在7 TeV和8 TeV處收集到了25個逆飛邦（inverse femtobarn，或以fb^{-1}表示）的數據，逆飛邦是用來測量數據量的單位，這相當於約2500兆筆事件。在第一次長時間的技術停機後（即長期停機1〔Long Shutdown 1〕）（圖10．1），大強子對撞機於二〇一五年以較高能量重新啟動，開始了第二階段的數據採集（第二階段運轉〔Run II〕）。二〇一五年十二月之前，超導環場探測器和緊緻緲子螺管偵測器只在13 TeV收集到了幾個逆飛邦的數據，第二階段運轉將持續到二〇一八年年底，並且應該會產生四倍於第一階段運轉的數據，即100 fb^{-1}。大強子對撞機在未來二十年當中，會採用運轉期和保養期輪流交替的營運策略。數據量預計會在二〇二一年至二〇二三年的第三階段運轉期間達到三倍，即300 fb^{-1}。最終，二〇三七年左右第四階段運轉結束時，數據量將達到3000 fb^{-1}，屆時將有足夠的數據來滿足每個人。

為什麼不讓加速器連續運轉並最大化事件收集的數量呢？目前的想法是讓加速器以最大負載量運轉大約三年，然後停機大約兩年，停機期間可以增加機械的功率，並進行所有無可

圖10.1 二〇一三至二〇一四年第一次長期技術停機期間大強子對撞機進行了強化計畫，這是參與該計畫之技術團隊成員的一部分。這張照片是在他們完成加速器的第1695個部分後拍攝的。這一主要工作計畫使得大強子對撞機在二〇一五年達到了13 TeV的能量，也就幾乎是二〇一二年可及之運轉能量8 TeV的兩倍。
資料來源：歐洲核子研究組織。

1 可以在twitter上追蹤我 @GagnonPauline，或在我的網站上查看更新，了解在這個領域中發生的事：http://paulinegagnon3.wix.com/boson-in-winter#!blogs/c112v

避免的保養工作。以這樣的方式，各個實驗也可以善加利用中斷的時間來更換或修復任何受損的子偵測器，並在需要時安裝改良過的子偵測器。

每個停機期間也為實驗物理學家提供了一個機會，來完成上一次數據採集期間所有數據的分析，並為下一個階段作準備。例如，在每次新階段開始運轉之前，有必要製作出對應於新運轉條件的大量模擬事件。這些事件對於決定各種分析的選擇標準則是無可或缺的。

二〇一三至二〇一四年第一次技術停機不僅進行了大規模維修，同時也執行了一個龐大的強化計畫（圖10．2）。這使得大強子對撞機能夠達到其額定的（nominal）能量和光

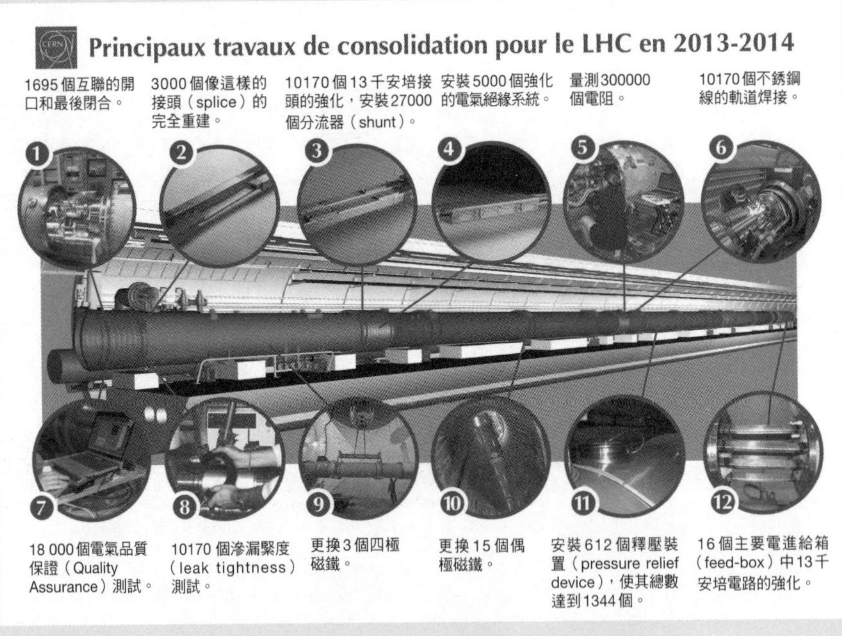

Principaux travaux de consolidation pour le LHC en 2013-2014
1695個互聯的開口和最後閉合。
3000個像這樣的接頭（splice）的完全重建。
10170個13千安培接頭的強化，安裝27000個分流器（shunt）。
安裝5000個強化的電氣絕緣系統。
量測300000個電阻。
10170個不銹鋼線的軌道焊接。
18 000個電氣品質保證（Quality Assurance）測試。
10170個滲漏緊度（leak tightness）測試。
更換3個四極磁鐵。
更換15個偶極磁鐵。
安裝612個釋壓裝置（pressure relief device），使其總數達到1344個。
16個主要電進給箱（feed-box）中13千安培電路的強化。

圖10.2 二〇一三至二〇一四年所做的大強子對撞機強化工作的細節。
資料來源：歐洲核子研究組織。

度（luminosity），也就是最初規畫的粒子束強度。光度測量的是射束當中每平方公分每秒的質子數。射束愈密集，發生對撞的可能性愈大。

自二〇一〇年至二〇一二年，大強子對撞機是以其額定光度的約75%、以較低的能量運轉的，也就是8 TeV，而不是預計的14 TeV。這個功率上的縮減是必要的，為的是避免另一個意外事故發生。二〇〇八年，大強子對撞機啟動後十天發生了一個事故，這對加速器造成相當大的損害，並使加速器停止運轉超過一年。第一次長期的技術停機因此主要用於改善超導磁鐵之間的相互連接（二〇〇八年事故發生的起因），並使得加速器在二〇一五年能夠以13 TeV的能量運轉。另外在未來數年也規畫了兩次長期的技術停機，以增加加速器的功率並產生更多數據。

預測一：發現或排除超對稱

其中一個最令人期待的發現大概就是超對稱。因為大強子對撞機現在可以產生更多的對撞和更高的能量，它的重新啟動因而開啟了所有的可能性，更多的對撞就代表實驗上會收集到更多的數據，觀察到最罕見現象的機會也就增加。而在較高能量下運轉有兩個主要的優點，第一，它增加了產生出較重粒子的可能性，從而增加了發現新粒子的機會；第二，在更高的能量下，我們就可以生產出更大量的超對稱粒子（當然，假設這些粒子存在的話）。我們因此在兩個方面得利：增加了數據量也增加了可探索範圍。

如果超對稱理論真的是對應到「新物理」（所有超越了標準模型所能描述的現象）的理論，我們在大強子對撞機實驗計畫結束時應該會對超對稱有更好的了解。該計畫將結束於第四期也就是最後一個數據收集階段（第四階段運轉〔Run IV〕）（見「大強子對撞機未來二十年的策略」方框）。最後這一個階段叫作高光度大強子對撞機（High Luminosity LHC），它應該會運轉於二〇二七至二〇三七年期間。

正如我們在第六章中所看到的，超導環場探測器和緊緻緲子螺管偵測器實驗已經探測過幾十種不同的情況，針對各種超對稱粒子的質量，我們已經先排除了許多的可能性。如果這些粒子存在，且如果它們不會太重的話（即它們在大強子對撞機可探索範圍內），我們很快就能享受發現第一個超對稱粒子時的極大快樂。

而如果那時還是找不到任何東西，至少我們可以滿意的是，起碼我們已經檢查過所有我們有能力

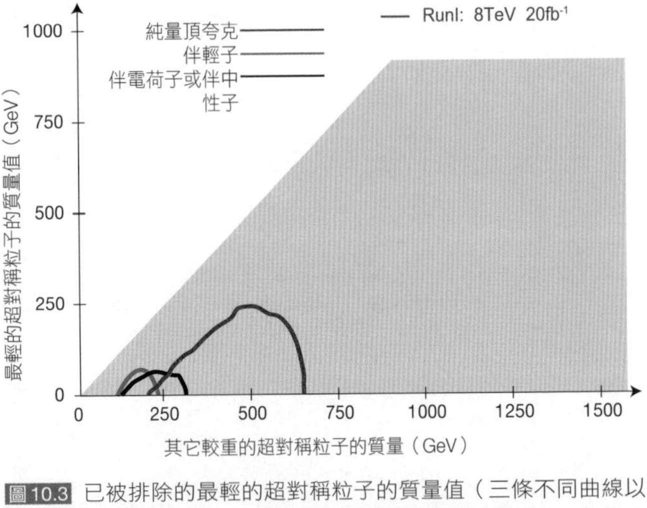

圖10.3 已被排除的最輕的超對稱粒子的質量值（三條不同曲線以下的區域），這是根據緊緻緲子螺管偵測器實驗截至二〇一二年八月在8 TeV處收集到的所有數據的分析。這三條曲線描述了三種不同的情況，這三個情況取決於最輕的超對稱粒子的性質，分別對應到不同粒子（純量頂夸克、伴輕子，還是伴電荷子或伴中性子）衰變到最輕的超對稱粒子。詳細訊息請參閱本文。

資料來源：奧利佛・布赫穆勒（Oliver Buchmüller）。

探索的區域。圖10．3和10．4的兩張示意圖說明了，如果在未來二十年內沒有發現超對稱粒子，哪些範圍可以被排除在外。這些預測是緊緻緲子螺管偵測器實驗團隊為各種超對稱粒子建立的現有排除限制的延伸，該預測假設偵測器的性能跟現在一樣。這些外推也符合從更詳細的模擬所獲得的結果。超導環場探測器實驗應該也會不約而同地得到類似的結果，並可作為交叉檢查。

每張示意圖的縱軸是最輕的超對稱粒子（一般來說是最輕的伴中性子）的可能質量，該粒子具有與暗物質相同的特徵；橫軸則是另一種質量較重之超對稱粒子的質量，這個粒子可能可以在大強子對撞機之中產生，並將衰變成最輕的超對稱粒子。

在此考慮三種情況：最輕的粒子可能來自純量頂夸克衰變（紅色曲線）、伴輕子衰變（藍色曲線）、伴電荷子或伴中性子（黑色曲線）衰變的這三種情況。每條曲線以下的區域顯示了利用所有當

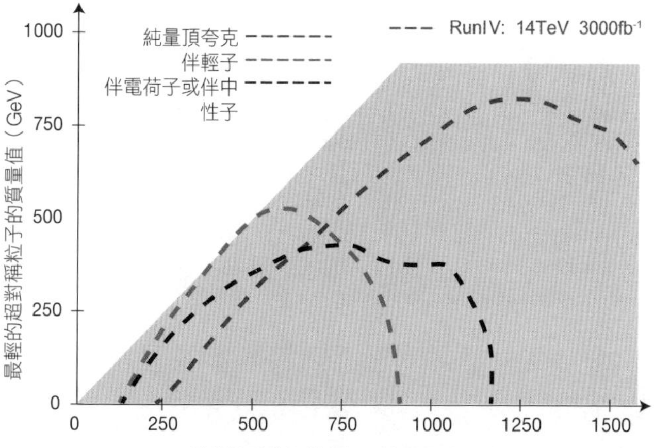

圖10.4 該圖預測了哪些質量範圍可能會在二〇三七年左右大強子對撞機計畫結束時被緊緻緲子螺管偵測器實驗在13或14 TeV處所收集到的數據排除在外（三個不同曲線以下的區域）。該圖描述了三種不同的情況，這三個情況取決於最輕的超對稱粒子的性質，分別對應到不同粒子（純量頂夸克、伴輕子，還是伴電荷子或伴中性子）衰變到最輕的超對稱粒子。詳細訊息請參閱本文。

資料來源：奧利佛．布赫穆勒。

前可取得的數據、已被排除在外的這三種粒子的值。因為根據定義，最輕的超對稱粒子必須比其他粒子輕，所以只有在對角線以下陰影區域中的值才有可能發生。這兩張示意圖假設所研究的粒子（純量頂夸克、伴輕子、伴電荷子或伴中性子）永遠都會衰變產生最輕的超對稱粒子。圖10．3顯示了在第一個數據採集期間（第一階段運轉）已經取得的結果，該運轉已於二〇一二年十二月結束。到了二〇一五年年底，更高能量之下積累的數據仍然不足以對這張圖造成顯著的改變。深紅色曲線標出了目前搜尋純量頂夸克的研究所排除的一組數值的範圍，舉例來說，如果最輕的超對稱粒子的質量低於250 GeV，則發現質量高達約600 GeV（希格斯玻色子質量的五倍）的純量頂夸克的可能性已經被排除了。藍色和黑色曲線顯示了伴輕子和伴電荷子或伴中性子的排除範圍。

圖10．4中的虛線說明了二〇三七年左右將會排除哪些區域，這是對第四階段運轉，也就是最後一個數據收集階段結束之時的預測，我們預計那時將累積大約150倍的數據量，而且會以幾乎兩倍於第一個數據收集階段的能量運轉。如果那時還是沒有發現超對稱，到時將會更大範圍的排除這三種超對稱粒子的可能質量，正如這張圖所顯示的。理論物理學家將會有更多的資料能為他們的理論設下限制，幫助引導他們往正確的方向搜尋。

預測二：更多關於希格斯玻色子確切性質的資料

緊緻緲子螺管偵測器和超導環場探測器實驗的數據樣本量在接下來這幾年的激增，將會為所有的測量帶來更高的精度。研究希格斯玻色子全部的性質將會更加容易，並且可以非常詳細地檢查一切是否完全符合理論的預測，但這些高精度的研究也可能顯示出與標準模型的預測「稍有不同的」的小偏差。舉例來說，目前希格斯玻色子的各種產生和各種衰變通道的測量，都帶有25％至30％的實驗不確定度。在二〇三七年左右的數據採集結束時，這些誤差界限將降至約5％，那時我們將更能了解這一種玻色子。

當大強子對撞機開始以更高的能量運轉時，產生出較重的希格斯玻色子（像是超對稱預測的那些）的機率就會增加。二〇一九年之前，我們將會有足夠的數據來確定是否存在著其他類型的希格斯玻色子。那時就有可能可以排除（在某些超對稱模型當中）最高質量達1000 GeV（或1 TeV）之希格斯玻色子的存在，這個質量是目前發現的希格斯玻色子質量的8倍，到時也足以約束或排除與超對稱相關之希格斯玻色子預測質量小於1 TeV的模型。換句話說，整個情況會變得更加明朗。

表10．1列出了大強子對撞機未來幾年總體運轉特色，它概述了二〇三七年以前四個數據採集期間預期達到的目標，逆飛邦（fb^{-1}）是所有實驗用於測量收集到的數據量的單位。

所有事件都極有用，因為我們對於在二〇一二年發現的希格斯玻

表10.1 大強子對撞機目前和未來的運轉情形。

	第一階段運轉	第二階段運轉	第三階段運轉	第四階段運轉
數據採集階段（年）	2010-13	2015-18	2021-23	2027-37
所收集之數據(fb^{-1})	25	100	300	3000
碰撞能量(TeV)	7-8	13-14	14	14
收集到的希格斯玻色子數量	660,000	6,000,000	17,000,000	170,000,000

色子還是有許多懸而未決的問題：它是複合粒子還是基本粒子？它是唯一一種希格斯玻色子還是多種希格斯玻色子當中的其中一種？它是第一個被發現的超對稱粒子嗎？它建立起了標準模型粒子和暗物質粒子之間的連結嗎？它是物質和反物質之間有所不同的原因嗎？它是否在大霹靂後一剎那導致了宇宙初始的暴漲？所有這些問題都需要大量的希格斯玻色子樣本，然後我們才可能有機會回答當中的一些問題。

預測三：標準模型的第一個異常

標準模型中預測的所有粒子現在都已經被發現了。找到一種新型玻色子或任何新的粒子將會是用來發掘什麼理論可以超越標準模型的一個最簡單的方法。另一種間接的方法是測量標準模型預測量的小偏差。這就是為什麼大強子對撞機的三個實驗：緊緻緲子螺管偵測器、超導環場探測器和 LHCb（專門研究這個主題），都對於底夸克的極高精度測量感興趣。物理學家對於物質和反物質之差異的研究特別有興趣，這可以藉由研究底夸克及與其對應的反底夸克的衰變來辦到。物理學家正在試著了解為什麼反物質幾乎從宇宙中消失，但是所有在實驗室中獲得的結果都顯示物質和反物質在大霹靂後應該是以相等的數量產生。尋找（物質和反物質）兩者之間極小差異的一個最被看好的方法是研究與底夸克和反底夸克相關聯的罕見衰變，最微小的偏差將是可以被偵測到的，到目前為止，對於某些特定的測量，標準模型的一些預測已被證明可以精確到第九個小數點。這代表著實驗必須檢視數十億筆事件才能獲得像這樣的精度。

未來幾年將可取得極龐大的數據量，屆時將會為測試提供前所未有的精度。這遲早應該會暴露出標準模型的瑕疵，任何一種異常的發現都會引導理論物理學家走往正確的方向，幫助他們了解什麼是「新物理」。若一個好的實驗發現，能夠將理論導回正確的路上，又有什麼能比得上它呢？

預言四：暗物質的一線曙光

未來十年之中，尋找暗物質存在的直接證據，無疑地會有重大進展。暗物質的發現本身將使粒子物理學和宇宙學發生革命性的徹底改變。對於大

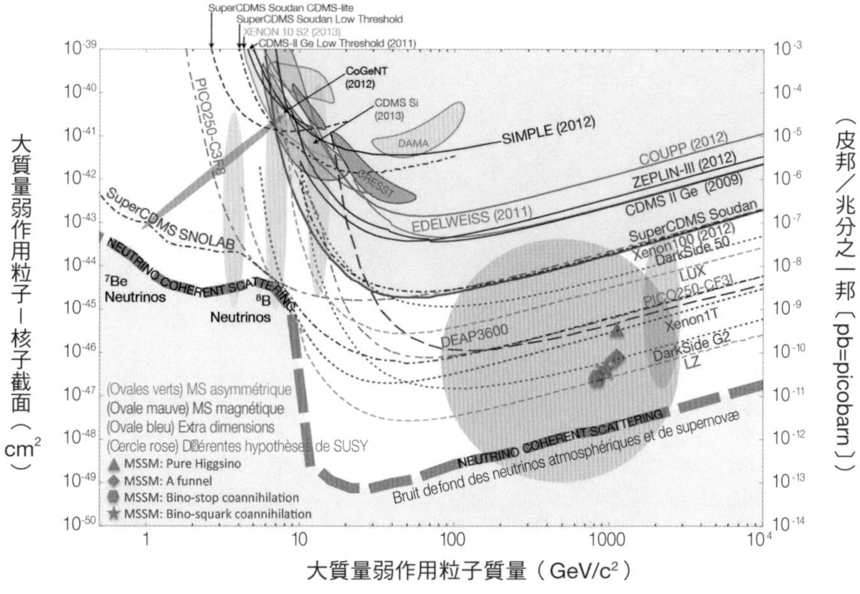

圖 10.5 未來十年對於暗物質粒子之可能的了解的預測。圖全部的區域代表了暗物質與物質產生交互作用之機會的所有可能值，並對應於橫軸給出的質量。綠色實線上方的淺綠色區域已被排除，各條虛線上方的所有區域應該都會被目前正在運轉中或已規畫的暗物質直接搜尋實驗排除在外。如果自然是如此的不仁慈，暗物質極少產生交互作用（圖中的底層部分），或者如果暗物質粒子非常的輕（圖的左側部分），以我們當前的實驗技術而言，想要發現暗物質是不可能的，橙色的寬虛線標出了微中子背景會淹沒暗物質訊號的界線。淡虛線以下的區域仍然不會有人去探索。

資料來源：二〇一三年斯諾馬斯社群暑期研究（Snowmass Community Summer Study）。

質量弱作用粒子（假想的暗物質粒子）和普通物質之間交互作用的可能性，在過去短短三十年的研究活動當中，研究人員可偵測出的實驗極限已經確定比三十年前小十萬倍。

為了尋找暗物質，大型國際實驗合作計畫正在籌備當中，這類的合作使研究人員能夠匯整他們的資料和科學資源，而且也有經費製造好幾部新的偵測器。加拿大、美國和義大利目前正在建造新一代更大規模、更強大的偵測器，而得益於其背景雜訊水平驚人的下降，這些第二代偵測器將會對較輕的大質量弱作用粒子靈敏，特別是薩德伯里微中子觀測站實驗室，它在加拿大薩德伯里附近的克雷頓河谷（Vale Creighton）礦區地下一英里（兩公里）處正快速增建當中。有一個國際團隊正在那裡組裝SuperCDMS偵測器，短期內應該就會開始運轉。這個偵測器將能夠偵測到超輕的大質量弱作用粒子，這是一個之前尚未研究過的領域（圖10．5中圖表的左上角）。

這張圖是第五章中圖10．5的進化版。其實第五章的圖就已經很複雜了，很難想像還會有一張更加複雜的圖，但要從這張圖中找出重點，其實是相對容易的。縱軸顯示一個暗物質粒子和一個普通物質粒子之間發生交互作用的機會，這是以面積（平方公分（cm^2））為單位測量的，因為它代表了入射的暗物質粒子所看到的目標（核子）的大小，目標愈大，擊中的可能性就愈大；橫軸顯示了暗物質粒子可能的質量值，以GeV表示。

這張圖上有三個我們感興趣的大區域。第一，圖上方的綠色部分對應於所有已被目前的實驗排除掉的值。第二，圖中底部的黃色區域代表了被微中子的背景雜訊支配的所有的值，以我們目前的實驗技術不可能在這個區域中找到暗物質粒子。第三，白色區域包含以當前的技術沒有被微中子背景雜訊擋掉的所有值，但是目前正在進行中的實驗尚未具備足夠的靈敏度，也未能在這個區域作仔細的研究探索。在這個版本的圖中，新的曲線（各種虛線）被加進這個區域中，每一條虛線都代表了各個實驗希望在未來幾年可達到的實驗極限。到那時，所有曲線以上的值將全部被排除。因此在未來的十年內，當前的實驗技術能夠探索的區域將有很大一部份已被仔細研究過。

到時候如果還是沒有任何一個目前的或已規畫排程的實驗能夠發現暗物質粒子，我們就會需要一些新途徑來探尋暗物質粒子，因為微中子背景雜訊將開始干擾研究。目前已經在研究新的方法，以打破微中子背景雜訊所設下的限制。例如，我們可以考慮微中子撞擊偵測器所對準的方向，來排除所有來自太陽微中子的背景雜訊。

好消息不見得非得來自地下。雖然是間接的好處，但在接下來的幾年之中，證據也可能來自於國際太空站上的AMS-02實驗。到時候這個團隊很有可能已經完成了足夠數據的累積和分析，能夠解釋宇宙射線中發現到的正電子的起源。這些正電子是否來自常規的天文來源，例如脈衝星？或者，它們可能是暗物質和普通物質之間存在著交互作用的第一個跡象，如第五章所述？縱使有些理論物理學家懷疑AMS-02的數據否精確到足以產生決定性的作用，但我們在未來幾年內應該會有更多的了解。長期來說，大強子對撞機將繼續在希格斯玻色子的衰變中尋找暗物質粒子，它將比現今多一百五十倍的數據，持續探索最輕的超對稱粒子以及其他許多暗物質粒子可能性。

中長期未來

在過去數年之中，參與粒子物理學研究的國家，在做法上有了根本的改變。每個人現在都意識到，沒有一個國家能夠獨自負擔得起今日所需之高度發展的精密工具，也就是偵測器和加速器。國際合作因此成為常態，如此才能整合這類超大型計畫所需的人力、技術和經濟資源。歐洲核子研究組織於是在國際社會中扮演了一個更為核心的角色，並持續邀請新國家加入他的行列。

粒子物理已成為國際合作的象徵，幾個關於新加速器的研究計畫已在進行當中（圖10.6），預計將在二〇三七年左右大強子對撞機退役時啟動。儘管最終的意向尚未確定下來，但所有國家都同意在國際合作的框架下展開工作。

那麼，對於這些偵測器和加速器，我們所能期待的最驚人的發現是什麼呢？一個能夠揭露超越標準模型的「新物理」其性質的新粒子嗎？理論假設（例如超對稱）的證實？還是暗物質粒子的發現？

圖10.6 緊緻線性對撞機（linear compact collider，簡稱CLIC）是歐洲核子研究組織目前正在研究的一個計畫，可能是大強子對撞機停後的後續計畫。得益於其低能量但高強度的主粒子束，緊緻線性對撞機可能可以產生高能的電子－正電子對撞。

資料來源：歐洲核子研究組織。

還是一個完全意想不到的驚喜？如果這些全部都發生會很棒，無論可以揭露什麼，無論是我們預測的或是超出預期的，就如同過去每當加速器的能量躍升時，我們都證明了，在這個當下，新發現發生的機會極大。未來的前景非常令人興奮，科學界間的氣氛也很狂熱，因為我們即將開創新的局面，這一點激勵著成千上萬今日投身於粒子物理學界的物理學家們。很快的，人類對這個世界有多一點點的認識，並可以笑著入睡。

重點提要

目前仍處於早期發展階段的大強子對撞機，在接下來的二十年內，它將產生足夠的數據，這使得粒子物理學有機會取得重大的進展。新粒子或異常現象可能很快就會被發現，最終它將透露超越標準模型的「新物理」的性質。如果超對稱粒子存在，我們將很有機會發現它們。如果證明它們不存在，我們將有更多的實驗數據可以用來構想更好的、關於新物理理論的假設。我們也將終於可以著手解決希格斯玻色子所留下的一些問題：它是不是唯一一種希格斯玻色子？它是否建立了普通物質和暗物質之間的連結？以及它是不是超對稱粒子？在未來十年當中，許多正在進行和規畫中的實驗將為我們提供更多有關暗物質的訊息，我們甚至可能享受捕捉到第一個暗物質粒子時的極大樂趣。而且，誰知道，我們也可能發現完全意想不到的東西。隨著大強子對撞機能量和強度的躍升，以及第二代暗物質偵測器的建造，新發現大有機會。

附錄一

尋找女科學家：參與歐洲核子研究組織的一百零一國研究人員中的女性比例

歐洲核子研究組織成員以國籍畫分	女性百分比	35歲以下女性的百分比	35歲以下成員的百分比	在歐洲核子研究組織工作的總人數
阿富汗	0%	0%	100%	1
阿爾巴尼亞	50%	100%	50%	2
阿爾及利亞	20%	0%	20%	5
阿根廷	31%	29%	44%	16
亞美尼亞	23%	31%	59%	22
澳大利亞	7%	13%	59%	27
奧地利	11%	15%	33%	81
亞塞拜然	0%	0%	43%	7
孟加拉	0%	0%	67%	3
白俄羅斯	8%	8%	30%	40
比利時	25%	25%	54%	109
玻利維亞	33%	33%	100%	3
波士尼亞	0%	0%	100%	1
巴西	20%	12%	54%	111
保加利亞	22%	44%	22%	74
喀麥隆	0%	0%	100%	1
加拿大	16%	22%	48%	141
維德角	0%	0%	100%	1
智利	21%	25%	86%	14
中國	22%	23%	72%	302
哥倫比亞	6%	4%	77%	35
克羅埃西亞	28%	32%	53%	36
古巴	50%	57%	70%	10
賽普勒斯	17%	13%	89%	18
捷克	9%	10%	51%	216
丹麥	9%	21%	36%	53
厄瓜多	0%	0%	75%	4

歐洲核子研究組織成員以國籍畫分	女性百分比	35歲以下女性的百分比	35歲以下成員的百分比	在歐洲核子研究組織工作的總人數
埃及	42%	73%	58%	19
薩爾瓦多	0%	0%	0%	1
愛沙尼亞	20%	27%	73%	15
芬蘭	19%	21%	30%	79
法國	17%	25%	26%	731
馬其頓共和國	100%	100%	100%	1
喬治亞	19%	13%	41%	37
德國	14%	19%	47%	1095
直布羅陀	0%	0%	100%	1
希臘	28%	32%	38%	152
匈牙利	12%	22%	34%	67
冰島	0%	0%	25%	4
印度	23%	26%	52%	214
印尼	0%	0%	29%	7
伊朗	32%	41%	61%	28
伊拉克	0%	0%	100%	1
愛爾蘭	14%	13%	73%	22
以色列	15%	29%	33%	52
義大利	23%	31%	29%	1666
日本	7%	8%	47%	253
約旦	0%	0%	100%	1
哈薩克	100%	100%	100%	1
肯亞	50%	100%	50%	2
拉脫維亞	0%	0%	100%	1
黎巴嫩	42%	42%	100%	12
利比亞	100%	100%	100%	1
立陶宛	10%	8%	62%	21
盧森堡	25%	50%	50%	4
馬達加斯加	0%	0%	33%	3
馬來西亞	20%	20%	67%	15

歐洲核子研究組織成員以國籍畫分	女性百分比	35歲以下女性的百分比	35歲以下成員的百分比	在歐洲核子研究組織工作的總人數
模里西斯	0%	0%	100%	1
墨西哥	19%	28%	58%	69
蒙特內哥羅	0%	0%	0%	3
摩洛哥	27%	25%	36%	11
緬甸	0%	0%	0%	2
尼泊爾	33%	50%	67%	6
荷蘭	10%	28%	25%	144
紐西蘭	0%	0%	0%	5
北韓	0%	0%	0%	1
挪威	29%	33%	41%	59
巴基斯坦	12%	10%	49%	43
巴勒斯坦	40%	50%	80%	5
秘魯	0%	0%	75%	8
菲律賓	0%	0%	100%	1
波蘭	19%	16%	39%	247
葡萄牙	20%	21%	45%	104
卡達	0%	0%	100%	1
羅馬尼亞	26%	30%	36%	121
俄國	11%	18%	22%	951
沙烏地阿拉伯	100%	0%	0%	2
塞內加爾	0%	0%	0%	1
塞爾維亞	38%	47%	43%	40
新加坡	33%	33%	100%	3
荷屬聖馬丁	50%	0%	0%	2
斯洛伐克	17%	21%	51%	102
斯洛維尼亞	20%	50%	30%	20
南非	28%	44%	50%	18
南韓	19%	23%	49%	115
西班牙	24%	31%	38%	323
斯里蘭卡	25%	0%	50%	4

歐洲核子研究組織成員以國籍畫分	女性百分比	35歲以下女性的百分比	35歲以下成員的百分比	在歐洲核子研究組織工作的總人數
瑞典	24%	36%	39%	71
瑞士	14%	18%	31%	177
敘利亞	100%	100%	100%	1
台灣	20%	16%	54%	46
泰國	33%	38%	67%	12
突尼西亞	50%	50%	100%	4
土耳其	33%	40%	59%	159
烏克蘭	10%	14%	58%	60
英國	12%	17%	46%	633
美國	14%	18%	41%	973
烏茲別克	20%	0%	20%	5
委內瑞拉	40%	44%	90%	10
越南	36%	40%	91%	11
辛巴威	33%	33%	100%	3

資料來源：賓琳・甘儂，根據二〇一四年九月一日歐洲核子研究組織的數據所製。

附錄二　科學史的公案：米列娃・馬利奇・愛因斯坦的歷史定位

一九九九年，《時代雜誌》（*Time*）將愛因斯坦選為「時代風雲人物」（Personality of the Century）。這邊我想從愛因斯坦的論文產量（特別是一九〇五年間）所帶來的疑問開始，科學家們幾十年來一直好奇單單一人如何以論文唯一作者發表這麼多篇文章？與此同時，大部分科學家都不知道的是，為他的第一任妻子——即數學家暨物理學家米列娃・馬利奇——撰寫傳記的作家們提供了大量證據，已證明她對丈夫的研究工作是有確實科學貢獻的。兩人的科學合作，在愛因斯坦的成就中究竟扮演了什麼樣的角色？有鑑於今日合作在科學界的必要性，這個問題因而特別重要。就愛因斯坦這個例子而言，由於缺乏無可辯駁的證據，再加上所有直接相關人士也都不在人世了，我們難以得出一個明確的結論。但是，時至今日，數份證詞和文件仍留待我們的注意。儘管在這議題上眾人的意見仍有分歧，但這些資料讓我們得以了解米列娃的貢獻。如同我們將看到的，她的悲慘命運不僅受到她丈夫該受譴責的行為影響，其所處時代的炙熱烙鐵也對她烙下了印記。我的目的不是要詆毀一個知名的男性，而是想通過分析現存的文件，並在該時代的社會脈絡下認真思考，檢視他的妻子可能作出的貢獻。

一直到不久前，歷史學家們只能取得一部分自一八七九年至一九二一年的愛因斯坦私人文件，但在二〇〇六年，耶路撒冷希伯來大學檔案館所典藏的一系列愛因斯坦一九二一年至一九五五年期間的私人文件，終於對研究人員開放。這使得紐約市立大學歷史系教授拉德米拉・米倫蒂耶維奇（Radmila Milentijević）能夠更完整描繪米列娃的形象[1]，並在愛因斯坦的情感和科學生活中的灰色地帶間補上關於她所扮演角色的種種細節。

過去曾有幾本書專門探討米列娃的生平，例如由戴珊卡・涂波侯維克－吉瑞克（Desanka Trbuhović-Gjurić）所撰寫、並於一九六六年出版的第一部傳記[2]。這本書在一九九九年出了新編版，並收入了愛因斯坦和米列娃的情書往來紀錄，這些情書是在一九八〇年代末時公諸於世的。該書主要根據的是米列娃所認識的人的證詞。米倫蒂耶維奇可以取得愛因斯坦和米列娃的所有私人文件，因而能寫出更完整的書。她也受益於前人豐富的研究成果，例如盧比安納大學（Ljubljana University）教授多得・克里斯蒂奇（Dord Krstić），他寫了一本極出色的書[3]，根據的是他在幾十年來對米列娃的親戚和朋友所進行的大量的訪談。接下來的篇幅是米倫蒂耶維奇之書的簡短摘要，我從她的書中匯集了許多片段和歷史事實，以及該書中引自其他作者的引文，也另外收入了其他來源的資料。

1 Radmila Milentijevic, *Mileva Marić Einstein: Life with Albert Einstein*, United World Press, 2015. 所有的引文皆取材自法文版（法文版比英文原版更早出現）。法文版書目資料：*Mileva Marić Einstein—Vivre avec Albert Einstein*, Éditions de l'Age d'Homme, 2013.

2 《在愛因斯坦的陰影下》，一九六九年於塞爾維亞出版的米列娃・馬利奇的傳記，於一九八八年翻譯成德文，並於一九九九年出了新編版。德文版在一九九一年翻譯成法文。所有後續的引文皆源自法文版《Mileva Einstein, Une vie》, Editions des femmes。

3 Dord Krstic, *Mileva & Albert Einstein: Their Love and Scientific Collaboration*, Didakta, Radovljica, Slovenia, 2004.

歷史事實和證詞

米倫蒂耶維奇的書描繪了愛因斯坦和米列娃的交往過程，從他們的初次會面一路寫到一九四八年米列娃的逝世。米列娃（圖B・1）是塞爾維亞人，一八九六年她在蘇黎世理工學院（Zurich Polytechnic School，簡稱ETH）結識愛因斯坦，當時她二十一歲，他們兩人在這所學校研讀的都是物理。愛因斯坦是德國人，比米列娃小三歲。從一八九九年開始，他們之間發展了深厚熱烈的感情。他們彼此分享所有一切：他們的愛、學業、研究和音樂。在認識不久後他們就開始合作，眾多的私人文件和無數的證詞都證明了這一點。位在伯恩的阿爾伯特・愛因斯坦博物館（Albert Einstein Museum）保留了愛因斯坦的筆記本，筆記本中有些段落全部都是米列娃親手寫的。他們從一八九九年到一九〇三年間的通信如今還有部分仍存於人世，米列娃這邊保存了愛因斯坦寄給她的四十三封信，但是大部分米列娃所寫的信都不見或摧毀了，只有十封得以保存至今。

從他們交往一開始，愛因斯坦便經常在他的信中提到與米列娃一起工作所帶給他的

圖B.1 米列娃・馬利奇，一八九七年就讀於蘇黎世理工學院時的照片。
資料來源：維基百科。

喜悅。她指引他的閱讀，並使他的生活有了一些秩序，幫助引導他放蕩不羈的性格。米倫蒂耶維奇強調了愛因斯坦的信件中充滿了「我們的新研究」、「我們的研究」、「我們的觀點」、「我們的理論」、「我們的文章」和「我們在相對運動上的研究」之類的字句。[4]

米列娃和愛因斯坦一起讀書，在大學課程當中得到了差不多的成績。但在一九〇〇年，米列娃未能通過最後的口試，因而無法取得文憑。這是因為能力不足還是那個時代對婦女的態度呢？即使瑞士當時是少數幾個允許女性進入大學就讀的國家之一。愛因斯坦通過了這個考試，但跟他三位同學不一樣的是，愛因斯坦畢業後並不如他預期的那般獲得學術職位。在接下來的兩年期間，愛因斯坦沒有錢，他有時回家與家人住在一起，而米列娃則留在蘇黎世。這對情侶在信中懷疑，其中一位教授對愛因斯坦的反感可能可以解釋為什麼愛因斯坦要找到第一份工作會是這麼的困難。

在一封一九〇〇年十二月二十日寄給她的朋友海倫娜・薩薇琪（Helena Savić）的信中，米列娃提到了他們的合作，即後來於一九〇一年三月出版的學術論文〈液體理論〉（The Theory of Liquids）：「我們還把一份論文寄給了波茲曼（Boltzmann），希望可以得知他的想法，我希望他會寫信給我們。」[5]雖然這句話暗示著她已經參與了這份論文的研究工作，但這份論文卻是單獨以愛因斯坦

4 Milentijević, p.13.

5 米蘭・波波維奇（Milan Popović），《在愛因斯坦的陰影下：愛因斯坦的第一任妻子——米列娃・馬利奇的生平和信件》（*In Albert's Shadow: The Life and Letters of Mileva Marić, Einstein's First Wife*），約翰・霍普金斯大學出版社，巴爾的摩與倫敦，二〇〇三年出版，一九〇〇年十二月二十日米列娃・馬利奇寫給海倫娜・薩薇琪的信。第69頁。波茲曼是那個時期知名的物理學家。

坦的名字發表的。

米倫蒂耶維奇如此評論：

> 我們可以得到這樣的結論：儘管這篇論文是兩人合作的產物，但米列娃和愛因斯坦決定只以愛因斯坦的名字發表。她為什麼會願意這麼做呢？愛因斯坦當時失業。他在理工學院時的個性和行為嚴重阻礙了他獲得職位的機會。唯一可以克服愛因斯坦劣勢的方法，就是證明他是一位受人尊敬的科學家，並且在學術界建立起自己的聲譽。為此，他需要米列娃的幫助。[6]

愛因斯坦自己在一九〇一年三月二十七日一封寫給米列娃的信中，證實了兩人確有合作關係以及米列娃參與了相對論的研究，他寫道：「當我們兩個人一起成功地完成我們在相對運動上的研究時，我將會多麼的快樂和驕傲！」[7]這句引言（愛因斯坦親筆所寫）成為了他們在相對論上一起合作的最直接的證明。

一九〇一年五月，米列娃的命運出現了決定性的轉折，她和愛因斯坦去了一趟科莫之後懷孕了。愛因斯坦當時因為沒有工作，並不想和米列娃結婚，他希望要先能在經濟層面滿足家庭的需求才會考慮這件事。三個月後，帶著對未來不確定的額外壓力，米列娃再次未能通過口試。一九〇一年十二月二十八日，愛因斯坦寫信給她說：「當你成為我的小妻子時，我們將努力恢復我們的科學研究，不當非利士人（Philistines）*。」[8]

在一九〇一年秋天，米列娃回到塞爾維亞，住在她父母的家中。她在一九〇一年十月短暫回到瑞士一次，試圖說服愛因斯坦跟他結婚，但是無濟於事。一九〇二年一月底她生下了一個女孩，取名叫麗瑟爾（Lieserl），心碎的她遺棄了這個孩子，並兩度回到瑞士去見愛因斯坦。一九〇二年七月一日，愛因斯坦在他的朋友馬塞爾．格羅斯曼（Marcel Grossmann）的父親協助之下，終於在伯恩的專利局獲得了一個下屬的職位。他們在一九〇三年一月結婚，但從未將女兒帶回。愛因斯坦是否因為害怕這個非婚生子女可能傷害到自己的事業發展，而拒絕帶回女兒？在當時這確實可能是一個威脅。至少這是《紐約時報》科學記者，也是一本愛因斯坦傳記的作者丹尼斯．奧弗拜（Dennis Overbye）的意見。奧弗拜寫道：「就好像在一些希臘悲劇中，小孩是他們今生的賞賜。米列娃是一個太聰明和內省的女子，當她決定將幸福抵押在愛因斯坦的事業上時，不可能不知道這個命運的諷刺。」[9]沒有人知道他們女兒的下落，米倫蒂耶維奇認為她可能在一九〇三年九月被送養了。

6 Milentijević, p.77.

7 阿爾伯特．愛因斯坦，約翰．斯塔切爾（Albert Einstein and John Stachel）《愛因斯坦全集》（*The Collected Papers of Albert Einstein*, Princeton University Press, 1987–2006，趙中立主譯）。出版地點：湖南科學技術出版社。（原作1987年出版）。第九十四號文，第160-161頁。

8 《愛因斯坦全集》，第一百三十一號文，第189-190頁。

* 譯註：庸俗之輩。

9 Dennis Overbye, *Einstein in Love*, Penguin Books, New York, 2000, p.91.（由米倫蒂耶維奇引用）。

克里斯蒂奇寫道，米列娃的弟弟小米洛斯．馬利奇（Miloš Marić Jr.）在醫學院求學期間，分別在巴黎和伯恩待了一段時間。在一九〇五年，「跟愛因斯坦一家人同住的米洛斯，有機會『近距離』觀察到米列娃和愛因斯坦如何一起生活和共同合作。」[10]。愛因斯坦下班後將他的時間精力奉獻在他們的研究上，而米列娃在完成了自己的家務工作之後也是如此。她同時還要照顧他們的第一個兒子，漢斯．阿爾伯特（Hans Albert），他出生於一九〇四年。據克里斯蒂奇指出，米洛斯向他的家人和朋友們報告說，愛因斯坦夫婦非常努力地工作。「他描述了在傍晚和夜晚，當鎮上一片寂靜時，這對年輕的夫婦會一起坐在桌子旁邊，坐在煤油燈的燈光下，他們會在物理問題上一起工作努力。米洛斯談到他們如何計算、寫作、閱讀和辯論。」[11]作者克里斯蒂奇評論道，他從馬利奇家族的兩個親戚那裡第一手聽到這個故事，先是一九五三年五月從西摩尼加．嘎金（Simonija Gajin）那兒聽到，第二次是一九六一年從戈盧博維奇那兒聽到。

為了支持米洛斯證詞的正確性，克里斯蒂奇非常仔細地描述了米列娃的弟弟米洛斯。米洛斯是一位知名的醫生，為了建立他的可信度，克里斯蒂奇還引述了米洛斯的同事們的話，他們描述米洛斯是一位極具誠信的人，他一絲不苟忠於事實，不會意見偏頗。[12]就在米洛斯一九〇五年拜訪愛因斯坦一家後不久，愛因斯坦不僅發表了相對論，也發表了其他四篇學術論文，包括他的博士論文。其中一篇描述光電效應的文章使愛因斯坦在一九二一年獲得了諾貝爾獎。人們當然對如此驚人的生產力感到好奇，特別是「考慮到」這個人在專利局還有一份全職工作，因此一九〇五年被稱為愛因斯坦的「奇蹟年」（annus mirabilis），這是他生涯中最多產的時期。

米倫蒂耶維奇還引述了愛因斯坦另一位傳記作家彼得・米歇爾莫爾（Peter Michelmore）的報導，他和愛因斯坦有過幾次直接的接觸。米歇爾莫爾報導道，在五個禮拜非常努力的完成學術論文〈論動體的電動力學〉（On the electrodynamics of moving bodies，該文為狹義相對論奠定了基礎）後，愛因斯坦的身體垮了，他在床上睡了兩個禮拜，米列娃則一遍又一遍地檢查論文，然後將論文寄出。」[13] 在這之後，夫婦倆前往塞爾維亞度假，拜訪了馬利奇家族。這次的拜訪中，據說米列娃告訴她的父親：「在我們離開之前，我們完成了一項重要的學術工作，它將會讓我的丈夫聞名於世。」[14]

克里斯蒂奇在他的書中指出，他在一九六一年從米列娃的表妹索菲雅・加利奇・戈盧博維奇（Sofija Galić Golubović）那裡聽到這個故事。當米列娃向她父親這麼透露時，戈盧博維奇在場。另外兩個人西摩尼加・嘎金和札柯・馬利奇（Zarko Marić）分別在一九五五年和一九六一年用完全相同的句子描述這件事，兩人都從米列娃的父親那裡聽到這個故事。[15]

---

10 Krstić, p.105.
11 Krstić, p.105.
12 Krstić, p.214-222.
13 Peter Michelmore, *Einstein: Profile of the Man*, Dodd, Mead & Company, New York, 1962, p. 46.（由米倫蒂耶維奇引用。）也由涂波侯維克-吉瑞克報導，p.103.
14 Krstić, p. 115; Trbuhović-Gjurić, p.105.
15 Krstić, p. 115.

常有很多年輕的知識分子會來拜訪米列娃的弟弟，當時愛因斯坦參加了其中的一次聚會，他在聚會中曾說過：「我需要我的妻子，她為我解決我的數學問題。」米列娃承認了這一點。[16]米列娃和愛因斯坦離婚以後，數學家格羅斯曼承擔了原先米列娃的角色，協助愛因斯坦完成了廣義相對論的研究。一九二一年他們是該論文的共同作者。

涂波侯維克－吉瑞克引用了呂約伯米爾－巴塔・杜米克（Ljubomir-Bata Dumić）博士所寫關於愛因斯坦一家在一九〇五年訪問塞爾維亞時的回憶：

我們真的很敬重米列娃，好像她是神一樣：她的數學知識和她的聰明才智給我們留下了深刻的印象。她可以不需紙筆就當場解出相對簡單的數學問題，而其他專家可能需要很努力地花幾週的時間才能解決的問題，她可以在兩天之內解決。而且她總是能以自己原創、最簡潔的方式找到解答。我們知道她造就了他（愛因斯坦）的成功，她是他的榮耀的創作者，她解決了他所有的數學難題，特別是相對論中的那些難題。身為一位令人眩目的數學家，她令我們讚嘆。[17]

米列娃的父親在首次拜訪瑞士時，希望能夠在財務上幫助這對年輕的夫婦，提供給他們一筆十萬瑞士法郎的巨額資金。愛因斯坦拒絕了，他說：

我不是為了你女兒的錢跟她結婚，而是因為我愛她，因為我需要她，因為我們倆一起，是一體。

我所做的與所得到的一切，都歸功於米列娃。她是帶給我非凡靈感的人，是把我從生活中的一切罪惡拯救出來的天使，在學術上尤其是如此。如果沒有她，我當初就不可能開始、更不可能完成我的研究工作。[18]

克里斯蒂奇只引用了第一句話，而涂波侯維克－吉瑞克引用了整個段落，但沒有指明來源。許多作者（包括涂波侯維克－吉瑞克）報導道，一九〇八年米列娃與愛因斯坦的一位學生保羅．哈比希特（Paul Habicht）合作，製作了一個超敏感伏特計，能夠測量精密到萬分之一伏特的電壓。米列娃同時有許多其他的事要做，因此這項工作花了很長的時間才完成，而且過程中她不斷嘗試改善這個裝置。涂波侯維克－吉瑞克強調，米列娃非常擅長實驗室中的研究工作。「當他們終於覺得滿意時，他們讓愛因斯坦出面描述這個裝置，因為他是專利申請的專家。」[19]涂波侯維克－吉瑞克還指出，當哈比希特的兄弟質疑為什麼米列娃的名字沒有出現在專利申請表上面時，米列娃用雙關語回答說：「Warum? Wir beide sind nur ein Stein」（字面上的意思是，「為什麼？我們兩個人是同一塊石頭（ein Stein）」，

16 Trbuhović-Gjurić, p.105-106.
17 Trbuhović-Gjurić, p.106.
18 Trbuhović-Gjurić, p.107.
19 Trbuhović-Gjurić, p.95.

意思就是我們是一體的）。[20]

對於歷史學家米倫蒂耶維奇來說，米列娃顯然跟那段時期的很多女性一樣，選擇退居幕後，只為讓她的丈夫成功。在愛因斯坦學業完成時，他並不像班上其他三個同學一樣得到學術職位，所以他特別需要米列娃的幫助。很顯然的，對於米列娃來說，他們是一個獨特的整體。然而一年後，一九〇九年九月三日，米列娃對她的朋友薩薇琪表達了她的第一個憂慮：「（我的丈夫）現在被認為是德語圈中最好的物理學家，他們給了他很多的榮譽，我為他的成功感到非常的高興，因為他真的值得（得到這些榮耀）；我只希望這個名聲對他的人性不會帶來有害的影響。」[21]

有一件佚事經常被人引用，但在我看來不太站得住腳。第一篇關於相對論的文章發表時，物理學家亞伯蘭·費多羅維奇·約菲（Abram Fedorovich Joffe）是德國《物理學年鑑》（*Annalen der Physik*）編輯委員威廉·倫琴（Wilhelm Röntgen）的助理。在一九五五年追悼愛因斯坦去世的悼詞中，約菲描述了[22]看到第一篇相對論文章的原始文件，而那份文章是以愛因斯坦－馬利提（Einstein-Marity）這個聯名署名的。馬利提是米列娃姓氏的匈牙利文版本，她的結婚證書上也是用這個名字。約菲當時解釋說，愛因斯坦「根據瑞士的習俗」把他的名字與妻子的名字連在一起，但是當時並不存在這樣的習俗，而且只有米列娃會使用愛因斯坦－馬利提這個聯名。

物理學家伊凡·哈里斯·沃克（Evan Harris Walker）[23]認為約菲不可能捏造這個故事。如果事實真的像約菲所講的那樣，他應該會把馬利奇的名字音譯成俄語МАРИТЧ（Maritch，馬利奇，發音與Marić相同）*，而不會是МАРИТЧ（Marity，馬利提）——與米列娃在瑞士時使用的匈牙利版本的正式名字完全相同。沃克從這點得出結論，約菲真的看到了論文上是如此署名。不過原來的論文已經從《物理學年鑑》檔案館中遺失了。一九四三年，愛因斯坦為了一場慈善拍賣會親手複製了相對論的原始文件，並指出在出版後他就把原始文件丟掉了。

他們在一九一九年達成離婚協議，協議書中寫道，除了支付他小孩的贍養費外，如果愛因斯坦將來得到諾貝爾獎的話，他同意將其全部的獎金交給米列娃。所有的錢最終都給了米列娃，儘管他們的信件透露出這當中有很長的拖延和無數次的提醒。一九二五年，愛因斯坦試圖在他的遺囑中立定這筆錢是將來要給他的兩個兒子漢斯·阿爾伯特和愛德華的遺產，米列娃反對這個新的安排，表示這筆錢屬於她。

她似乎想要為自己在科學上的貢獻提供證據，但是愛因斯坦在一九二五年十月二十四日的信中如此嘲笑她（米倫蒂耶維奇引用）：

---

20 Krstić, p.115; Trbuhović-Gjurić, p.95.

21 Popović, Mileva Marić's letter to Helena Savi, September 3, 1909, p.98.

22 A. F. Joffe, *Reminiscences of Albert Einstein*, published in Uspekhi Fizicheskikh Nauk, Vol. 57, No. 2, October 1955, p. 187。（由米倫蒂耶維奇引用。）

23 Evan Harris Walker, "Ms Einstein"，未出版之文章，由 Walker Cancer Institute Society 轉載請參，http://simson.net/ref/1995/MsEinstein.pdf。

*譯註：約菲是俄羅斯人，因此會譯成俄語。

當妳開始用妳的回憶威脅我時，你真的讓我想笑。你是否曾經想過，甚至只有一秒鐘，如果你所談論的這個男人沒有取得什麼重要的成就，沒有人會去注意妳憑空想像的東西。當一個人完全不重要的時候，沒有什麼好跟這個人說的，除了保持節制和沉默。這是我給你的建議。24

米列娃後來怎麼了？

在一九〇五年發表所有這些文章之後，愛因斯坦聲名大噪。他終於得到了好幾個學術職位，一開始在蘇黎世，之後在布拉格。他和他的家人回到蘇黎世（圖B．2是這對夫婦這段時間的合照），最後在一九一四年搬到了柏林，在那裡他和他的堂姐埃爾莎．愛因斯坦（Elsa Einstein）開始了婚外情。米列娃悲痛欲絕，她和她的兩個兒子搬回蘇黎世生活。愛因斯坦要求離婚，他在一九一九年如願以償，並在當年與他的堂姐結婚。

幸好米列娃靠四處教授數學課與鋼琴課，才補貼了愛因斯坦常常拖欠的贍養費。米列娃存活了下來。他們的兒子漢斯．阿爾伯特曾多次寫信給愛因斯坦，提醒愛因斯坦他們生活的艱困程度。米列娃後來用諾貝爾獎金買下了兩間房子，並依靠租金維生。他們的小兒子愛德華出生於一九一〇年，受思覺失調症所苦*，在一九三二年以後不得不多次住入精神療養院。我們目前只知道愛因斯坦在一九三三年移民到美國後就從未見過愛德華，但終其一生他都一直保持與米列娃的聯繫。

儘管米列娃有嚴重的健康問題以及因戰爭所造成的生活上的困難，她還是為生病的兒子竭盡所有

圖B.2 一九一二年，米列娃和愛因斯坦。
資料來源：維基百科。

精力和金錢。一九三二年她請愛因斯坦幫她寫推薦信，讓她能夠在女子高中獲得教職，以便能養活自己和愛德華。愛因斯坦拒絕了，他說他：「不會為她寫推薦信，因為現在有這麼多比她年輕的人失業。」[25]

當米列娃因兒子的醫療費用而負債時，她的債權人威脅要拿走她的房子。愛因斯坦同意買回米列娃的房子，使她和他們的兒子不會無家可歸。儘管愛因斯坦是房子的所有人，但就在米列娃一九四七年去世之前，她用了一個伎倆將之轉售，並把所有的錢都存到愛德華的名下，以確保她死後兒子還是能得到持續的照顧。米列娃於一九四八年在蘇黎世去世。

24 耶路撒冷希伯來大學阿爾伯特·愛因斯坦檔案館。愛因斯坦寫給米列娃的信，日期為一九二五年十月二十四日，檔案編號AEA 75-364。（由米倫蒂耶維奇引用，第142-143頁。）

25 愛因斯坦一九三二年六月四日寫給米列娃·馬利奇的信，阿爾伯特·愛因斯坦檔案館，耶路撒冷，檔案編號AEA 75-434，由米倫蒂耶維奇引用，第379頁。

*譯註：schizophrenia，舊譯名為精神分裂症。

一些觀點

本世紀初愛因斯坦和米列娃之間的信件往來刊載於《愛因斯坦全集》（*The Collected Papers of Albert Einstein*），而該文集的第一任編輯是約翰・斯塔切爾（John Stachel）[26]。他指出，米列娃所保留的信件當中，極少或幾乎不提到她自己的研究。然而，物理學家沃克在一篇題為〈愛因斯坦小姐〉（Ms Einstein）的文章中寫道：「我在（愛因斯坦寫給米列娃的）四十三封信當中的十三封發現了對於她的研究或進行中之合作的描述。」[27]

引用斯塔切爾在〈科學界中的創意伴侶〉（Creative Couples in the Science）所寫的文章，米倫蒂耶維奇寫道：「所以，斯塔切爾將『我們』和『我們的工作』（愛因斯坦在給米列娃的信中）的這種用法歸因於物理所激發的情感，他覺得有必要跟米列娃分享。」斯塔切爾補充說：「愛因斯坦是在他們的關係出現問題的時候，才講出這些關於共同努力的話，目的是要向米列娃保證他對她的愛和崇拜。」[28]但是，研究了兩人的一生直至米列娃去世的米倫蒂維奇駁斥了這一論點，她指出「愛因斯坦從來就不是一個利他主義者」。[29]

另一篇出現在一九八九年二月出版的《今日物理》（*Physics Today*）（美國物理學會〔American Physical Society〕的雜誌）的文章中，沃克總結道：

> 他們在一起的那幾年，我們看到愛因斯坦最偉大的成就：他的物理充滿了空間和時間扭曲的大膽

想法，引力僅僅只是時空度規（space-time metric）的扭曲，光子真的是能量封包——不僅僅只是馬克斯．普朗克（Max Planck）所認為的數學技巧，而是現實。他的研究充滿了對當前物理學最新、最詳盡之發現的直接影響。但是在他和米列娃的婚姻結束之後，他的物理變得保守。他把宇宙常數加到他的方程式中，好讓他的方程式能作出跟其他人一樣對於宇宙的預測，結果就是他沒有預測到大霹靂。他不再是前衛物理學家的領袖，反而在一段時間後，慢慢地變得跟所有人立場格格不入，反對新的量子物理理論。[30]

在一九二九年，米列娃的一位朋友米蘭娜．塞法諾維奇（Milana Sefanovic）在接受塞爾維亞報紙《Politika》的採訪時說道，米列娃是「最有資格談論『相對論』之誕生的人，因為她跟愛因斯坦一起

26《愛因斯坦全集》（*The Collected Papers of Albert Einstein*, Princeton University Press, 1987–2006，趙中立主譯）。簡體中文版為湖南科學技術出版社。（原作於1987年出版）

27 Walker, "Ms Einstein," p.7.

28 John Stachel, "Albert Einstein and Mileva Marić A collaboration that failed to develop," in *Creative Couples in the Sciences*, eds. Helena Mary Pycior, Nancy G. Slack and Pnina G. Abir-Am, Rutgers University Press, 1996, pp. 207, 209, 216.（由米倫蒂耶維奇引用。）

29 Milentijević, p.142.

30 沃克，〈愛因斯坦是否支持配偶的想法？〉，以及《今日物理》斯塔切爾的反駁。Vol. 42, No. 2, p. 9 (1989).

為這個理論工作了許多年，五、六年前她痛苦地告訴我。或許回想起那些快樂的時光對她來講是痛苦的，也或許她不想造成任何對她前夫的偏見。」[31]米列娃在寄給朋友薩薇琪的一封信中，為自己的立場解釋說：

米蘭娜忍不住向報社記者透露我們的故事，我當時認為事情已經結束了，所以根本不談論此事。我一向避免捲入諸如此類的報紙報導，但我想這麼做會讓米蘭娜開心，她可能認為這也會讓我開心，在某種程度上可以幫助我在別人眼中取得評論愛因斯坦的權利。[32]

米倫蒂耶維奇引用伊麗莎白・羅伯斯・愛因斯坦（Elisabeth Roboz Einstein，愛因斯坦和米列娃的第一個兒子漢斯・阿爾伯特的第二任妻子）的話作做為書的結尾[33]。她寫道，她的丈夫只要想到他的母親就會感到悲傷。「她的名字從愛因斯坦的著作中被遺漏了，她的婚姻殘酷地終結，以及他們的兒子的病，這一切都對她的生命造成了毀滅性的影響。」[34]

米列娃有她自己的理由選擇保持沉默。她是第一個相信愛因斯坦潛力的人，她在一九二二年給她的朋友薩薇琪的信中寫道，「甚至連我最親近的朋友仍然極為欽佩他在科學上的成就，這份仰慕也轉移到個人生活的層面。只有你最了解我，所以你才能夠說：我已經不在乎他了……」[35]

我的觀點

在閱讀了許多關於米列娃的書籍和文章後，特別是涂波侯維克–吉瑞克和米倫蒂耶維奇所寫的傳記、愛因斯坦和米列娃在他們的戀情開始之時交換的信件、米列娃與她的朋友薩薇琪之間的書信往返（由米蘭・波波維奇〔Milan Popović〕編輯），並參考了克里斯蒂奇這本記載詳盡的書後，我認為他們之間毫無疑問地存在著合作的關係。這個結論並不是倚賴某個特殊、無可否認的證據，而是結合了許多的要素後才得出的結論。現有的最佳證據就是之前提到的，愛因斯坦自己在一九〇一年三月二十一日的信中寫道的關於相對論的共同研究。

我認為，時代和環境迫使米列娃將自己置於幕後。此外，她對愛因斯坦完全的愛與信任使她不惜一切代價支持他，開心地參與並促成了他的成功，接受他們的共同研究應該以愛因斯坦一人的名義發表，米列娃讓愛因斯坦有機會從困境中走出來，能夠充分發揮他的才能，而她所付出的代價就是犧牲

31 Trbuhović-Gjurić, p.106.
32 Popović, Mileva Mari’s letter to Helena Savić, dated June 13, 1929, p.158.
33 Milentijević, p.479.
34 Elisabeth Roboz Einstein, *Hans Albert Einstein: Reminiscences of His Life and Our LifeTogether*, The University of Iowa, 1991, p.3（由米倫蒂耶維奇引用, p.479.）。
35 Popović, Mileva Marić’s letter to Helena Savić, dated Zurich 1922, pp. 132–133.

自己的事業。如果愛因斯坦一直失業，他不會跟米列娃結婚。而一旦兩人都有共識，誰又能走回頭路？愛因斯坦冒著重大風險：他的教授職位、他的聲譽、他的名氣。他愈慢修正情況，就可能失去愈多。他犧牲米列娃而得到的名聲可能毀了他們當初美麗的合作精神。一九二五年，他們分開的十一年後，兩人的關係已經發生變化，情況已經很清楚，他們不再像戀情剛開始時那樣是「同一塊石頭」，米列娃試圖拿回屬於她的東西，愛因斯坦的反應非常殘忍，可能因此而使米列娃選擇永遠保持沉默。這大概可以解釋為什麼即使她的朋友塞法諾維奇在一九二九年公開談論這個問題，呼籲她這麼做，但米列娃不願意索回屬於她的那份名聲。

他們兩人的實際貢獻可能永遠都是一個謎，但所有證據似乎都顯示了，是因為他們一起努力，才能夠產生如此有創意的想法。所有在實驗合作計畫中工作的科學家們，無論是在粒子物理學領域或在其他地方，都知道這樣的交流是多麼的有幫助。當然，有時候一個人會有很棒的想法，但是和同事們討論總是可以使這些想法得到更進一步的發展、層次也隨之提高。依照現在的標準，米列娃會被認為是這些理論的共同作者，但歷史脈絡和命運作了另一個選擇。